Rathod M. R.
Udtewar P. G.

Avaliação fisio-morfológica de arroz promissor para melhorar o rendimento

Rathod M. R.
Udtewar P. G.

Avaliação fisio-morfológica de arroz promissor para melhorar o rendimento

RECONHECIMENTO

No final desta grande viagem, na busca do conhecimento e da sabedoria, que marca o início de um novo horizonte, é para mim um prazer insuperável mencionar todos aqueles que plantaram e cultivaram o espírito de fé e de esperança na realização desta tarefa. Reconheço com gratidão e respeito as seguintes personalidades.

É com grande prazer que exprimo o meu profundo sentimento de gratidão e de dívida para com **o Dr. A. B. Jadhav**, *Professor Assistente na BSPF, Shendra A' VNMKV Parbhani e Presidente do meu comité consultivo, uma pessoa com bondade, paciência, elegância e temperamento. Pela sua orientação incansável e inigualável, durante todo o período do meu estudo, adoro-o verdadeiramente, idolatro-o e ficarei grato se me for possível adquirir algumas das suas qualidades. Confesso com sinceridade e orgulho que foi para mim um grande privilégio ter sido um dos seus alunos.*

Estou grato ao Sr. Vice-Chanceler **Dr. Indra mani,** *Vasantrao Naikⱼ Marathwada Krishi Vidyapeeth, Parbhani, ao Dr.* **D. N Çokfiaíe**, *Diretor de Instrução e Reitor, Faculdade de Agricultura, VNMKV Parbhani, ao Dr.* **Syed Ismail,** *Reitor Associado e Diretor da Faculdade de Agricultura, Parbhani, ao* **Dr. H. V. Kglpande**, *Chefe do Departamento de Botânica Agrícola, por disponibilizar as instalações necessárias para a realização da investigação.*

Estou profundamente grato aos membros do comité consultivo, Dr. H. V. **Kfllpande**, *chefe do Dept. de Agril. Botânica, Dr.* **D. Ç. Dalvi**, *professor assistente do Departamento de Botânica Agrícola, e ao Dr.* **S-B.** *Borgaonkar, professor* **assistente** *do UplandPaddy Research Scheme (UPRS) do VNMKV Parbhani, pela sua cooperação, encorajamento e apoio esmagador. Gostaria de apresentar os meus sinceros agradecimentos ao Dr.* **M. P. Wankhede**, *Professor Assistente, ao Dr.* **Ç. S. Pawar**, *professor associado do Departamento de Botânica e a todo o restante pessoal não docente do Departamento de Botânica Agrícola, Faculdade de Agricultura, VNMKV Parbhani, pela sua amável cooperação durante todo o curso do estudo.*

Nada do que eu diga poderá alguma vez transmitir a importância que a minha família tem para mim. Devo a minha educação aos meus primeiros mentores, o meu pai, Sr. **Rohidas Rathod** *e a minha mãe***, Sra. Anitha Rgthod.** *Estou grato ao meu irmão* **Abhishek**, **Atish** *e à minha irmã* **Nisha**, *bem como aos meus avós, pelo seu afeto e apoio durante toda a minha educação.*

*Nunca poderei estar mais grato pelo amor, pelas bênçãos, pelos cuidados e pelo encorajamento que o meu avô teve para comigo***. Babusingh Rathod** *Senti a falta da minha adorável família durante os* *estudos programados, enquanto eles e os meus amigos me apoiaram nos meus altos e baixos. Agradecimentos especiais aos meus amigos Akanksha, Poonam, Mahima, Megha, Sneha, Dhanashree, Swati, Pooja, Nisha, Swapnali, Deepika pelo seu apoio contínuo e amor eterno em todas as fases da minha vida. Os meus dois superiores que me guiaram mentalmente sempre que precisei, Prabhu udtewar e Jyoti Motupalakala.*

Gostaria de aproveitar esta oportunidade para expressar o meu profundo apreço pelos meus colegas Ashwini, Çayatri, Prakash, Manish e Pawan. A minha júnior Vidya. Os meus colegas de escola Rohan, Vijay Laxmi e Mounika.

Estou grato a todo o pessoal não docente e de campo do Departamento de Botânica Agrícola, a todos os colaboradores pela sua generosa ajuda no campo, no laboratório e por fornecerem ajuda adicional quando necessário.

Com o maior prazer e sinceridade, estou grato à Faculdade de Agricultura, Vasantrao Naik_j Marathwada Krishi Vidyapeeth e ao Departamento de Botânica.

A omissão de nomes neste breve agradecimento não significa falta de gratidão.

Parbhani

(RfithodManisha Rphidas)

Data: / /22

Índice

Abreviaturas

%	-	Percent
m	-	Meter
cm	-	Centimeter
cm^{-2}	-	Centimeter square
DV	-	Daily value
Kg	-	Kilogram (s)
g	-	Grams (s)
q	-	Quintals
ha	-	Hectare
g/p	-	Gram per plant
et al	-	At alli (and others)
Fig	-	Figure
S. E.	-	Standard error
C. D.	-	Critical difference
Viz.,	-	Namely
RF	-	Rainfall
DAS	-	Days after sowing
N/A or N/S	-	Non significant
/ Or $^{-1}$	-	Per
K	-	Correction factor
P.I. Stage	-	Panicle initiation stage
LA	-	Leaf area
LAI	-	Leaf area index
CGR	-	Crop growth rate
RGR	-	Relative growth rate
NAR	-	Net assimilation rate
DAS	-	Days after sowing
SPAD	-	Soil plant analysis development
RBD	-	Randomized block design
UPRS	-	Upland paddy research scheme

RESUMO DO LIVRO

1. Título do livro : "Análise fisiológica de arroz promissor

   Genótipos para rendimento e caraterísticas que contribuem para o rendimento"

2. Nome do estudante : Rathod Manisha Rohidas

3. Nome do orientador da investigação : Dr. A. B. Jadhav

4. Departamento : Botânica Agrícola (Fisiologia Vegetal)

5. Universidade : VNMKV, Parbhani

6. Grau a atribuir : Mestrado em Agricultura

RESUMO

Foi realizada uma experiência na quinta de investigação Upland Paddy Research Scheme (UPRS), VNMKV, Parbhani durante a estação *Kharif* 2021 intitulada **"Análise fisiológica de genótipos de arroz promissores para o rendimento e caraterísticas que contribuem para o rendimento".** A investigação foi realizada para estudar a variação no rendimento e determinar a correlação entre o rendimento de grãos e os parâmetros morfo-fisiológicos dos genótipos de arroz. A parcela experimental foi disposta em blocos aleatórios com doze genótipos de arroz e três repetições.

Os genótipos de arroz apresentaram variações significativas nos parâmetros morfofisiológicos, atributos de rendimento e caraterísticas bioquímicas. Entre os doze genótipos de arroz, o PBNR 14-07, seguido do PBNR 14-11, registou a altura máxima das plantas, o número de perfilhos e o número de folhas, enquanto o PBNR 15-10 registou a altura mínima das plantas e o PBNR 14-17 registou o número mínimo de perfilhos e o número de folhas. PBNR 14-15 e PBNR 15-10 registaram o máximo de dias até 50 % de floração e dias até à maturidade, enquanto PBNR 15-05 registou menos dias até à maturidade. Registou-se um aumento significativo do peso seco das plantas em todas as fases até à maturidade entre os genótipos de arroz. O maior peso seco das plantas foi registado no genótipo PBNR 14-07, seguido do PBNR 14-11, enquanto o mínimo foi registado no genótipo PBNR 15-10.

Os índices fisiológicos LA, LAI, CGR, RGR e NAR variaram significativamente entre os genótipos de arroz. O genótipo PBNR 14-07 obteve o máximo de LA, LAI, CGR, RGR e NAR. A área foliar, LAI, CGR, RGR aumentaram gradualmente até 30 a 60 DAS e depois diminuíram durante 90 DAS. O NAR diminuiu com a idade da cultura. Os genótipos PBNR 14-07 e PBNR 14-11 registaram o máximo de LA, LAI e RGR, enquanto que o mais baixo foi registado pelo genótipo PBNR 15-10. Aos 60 DAS foi registada uma CGR máxima no PBNR 14-07, seguida do PBNR 14-11 e uma CGR mínima no PBNR 14-17. O NAR máximo foi registado pelo genótipo PBNR 14-21 seguido do PBNR 14-15 e o NAR mínimo foi registado pelo PBNR 14-15 aos 30 DAS.

O rendimento de grãos e os atributos de rendimento variaram significativamente entre os genótipos de arroz. O maior número de panículas, número de espiguetas, número de grãos cheios por panícula, peso de 1000 grãos, rendimento de grãos por planta, rendimento de grãos por parcela e índice de colheita foram registados no genótipo PBNR 14-07 seguido do PBNR 14-11, enquanto que o número mínimo de panículas foi registado no genótipo PBNR 15-10 e o número mínimo de espiguetas, número de grãos cheios por panícula, peso de 1000 grãos e rendimento de grãos por planta foram registados no genótipo PBNR 14-18. O número mínimo de grãos por parcela e o índice de colheita foram registados no genótipo PBNR 14-15. O número máximo de grãos não cheios foi registado no genótipo PBNR 15-10 seguido do PBNR 14-11 e o número mínimo de grãos não cheios foi observado no PBNR 14-07. Não houve variação significativa para o comprimento da panícula entre os genótipos de arroz. O comprimento máximo da panícula foi registado no genótipo PBNR 14-07 seguido do PBNR 14-11 e o comprimento mínimo da panícula foi registado no genótipo PBNR 15-10.

Os valores SPAD diferiram significativamente entre os genótipos de arroz. Os valores máximos de SPAD foram registados no genótipo PBNR 14-07, seguido do PBNR 14-11 e o mínimo foi registado no genótipo PBNR 14-18. O teor mais elevado de proteínas foi registado nos grãos do genótipo PBNR 14-07, seguido do PBNR 14-11 e o mínimo no genótipo PBNR 15-02. O conteúdo proteico dos genótipos experimentais variou significativamente. O teor de hidratos de carbono foi mais elevado no PBNR 14-07, seguido do PBNR 14-11 e o mais baixo foi registado no genótipo PBNR 15-10. Não se registou uma variação significativa no teor de hidratos de carbono dos genótipos experimentais de arroz.

A altura da planta e o número de perfilhos apresentaram uma correlação positiva altamente significativa com o rendimento de grãos.

(**PALAVRAS-CHAVE**: Rendimento de grãos, caraterísticas morfofisiológicas, CGR, RGR, NAR).

CAPÍTULO 1: INTRODUÇÃO

O arroz é a cultura alimentar mais importante da Índia, cobrindo cerca de um quarto da superfície cultivada total e fornecendo alimentos a cerca de metade da população indiana. É o alimento de base das populações que vivem nas regiões oriental e meridional do país, nomeadamente nas zonas com mais de 150 cm de precipitação anual. A Índia é o segundo maior produtor mundial de arroz e o maior exportador de arroz do mundo. Na Índia, o arroz é cultivado numa área de 437,8 lakh hectares, com uma produção de 118,4 milhões de toneladas e uma produtividade de 2705 kg/ha. (Relatório Anual, Ministério da Agricultura, Governo da Índia 2020-21). A área cultivada com arroz em 2020-2021 em Maharashtra é de 1665 milhões de hectares, com uma produção de 34,76 milhões de toneladas e uma produtividade de 2087,4 kg/ha (Departamento da Agricultura, Estado de Maharashtra). Bengala Ocidental, Uttar Pradesh e Punjab são os três principais Estados produtores de arroz.

O arroz não é apenas o principal alimento de base, mas também um modo de vida para milhões de pessoas em todo o mundo. Ao longo dos anos, os estudos para aumentar a produção de arroz transformaram o estado de défice alimentar em excedente líquido de produção de arroz. A cultura do arroz é extremamente importante para a segurança alimentar, nutricional e de subsistência de metade da raça humana. A Índia ocupa o primeiro lugar em termos de área cultivada e o segundo em termos de produção a nível mundial.

A produtividade do arroz na Índia é inferior a 50% da produtividade da China e do mundo. Além disso, a produtividade mais elevada do Egito (9,80 t/ha) é quatro vezes superior à nossa produtividade nacional. A produtividade média de Maharashtra (2,98 t/ha) é superior à produtividade média da Índia (2,71 t/ha) em 2020-21. A região de Marathwada regista uma produtividade média muito baixa (1330 kg/ha em 2020-21). A baixa produtividade em Marathwada pode ser atribuída ao cultivo de sequeiro (apenas 20% de irrigação em Maharashtra, em comparação com 58% da Índia), à gestão inadequada dos nutrientes e da produção vegetal e à indisponibilidade de genótipos adequados com melhor qualidade de grão.

O arroz é a fonte de energia alimentar predominante em 17 países da Ásia e do Pacífico, 9 países da América do Norte e do Sul e 8 países de África. O arroz fornece

20% da energia alimentar mundial, enquanto o trigo fornece 19% e o milho 5%. O arroz branco de grão longo não enriquecido cozinhado é composto por 68% de água, 28% de hidratos de carbono, 3% de proteínas e 1% de gorduras. Uma porção de referência de 100 gramas fornece 540 quilojoules (130 quilocalorias) de energia alimentar e não contém micronutrientes em quantidades significativas, todos com menos de 10% do Valor Diário (VD). O arroz branco de grão curto cozinhado fornece a mesma energia alimentar e contém quantidades moderadas de vitaminas B, ferro e manganésio (10-17% do VD) por porção de 100 gramas.

A planta de arroz pode atingir uma altura de 1-1,8 m (3-6 pés), dependendo do tipo de planta e da riqueza do solo. Tem folhas longas e finas com 50-100 cm de comprimento e 2-2,5 cm de largura. Uma inflorescência de 30-50 cm de comprimento, arqueada e pendente, produz pequenas flores polinizadas pelo vento. A semente comestível é um grão (cariopse) com um comprimento de 5-12 mm e uma espessura de 2-3 mm.

O arroz de terras altas é cultivado em campos de sequeiro que são preparados e semeados quando estão secos. Os ecossistemas de arroz de terras altas são frequentemente bastante diversificados, com campos planos, ligeiramente inclinados ou íngremes a altitudes até 2000 metros e com precipitações anuais que variam entre 1000 e 4500 mm. Apenas 15% de todo o arroz de terras altas é cultivado em solos férteis, que podem variar entre extremamente férteis e extremamente degradados, inférteis e ácidos. O período de crescimento é longo. Muitos agricultores das terras altas cultivam variedades locais de arroz que não reagem bem a melhores técnicas de gestão, como a agricultura intensiva ou a utilização de fertilizantes sintéticos. No entanto, produzem grãos que são necessários localmente e estão bem adaptados aos seus habitats.

A cultura do arroz em regiões de montanha e em regiões não inundadas tem igualmente um impacto na qualidade dos grãos. Num estudo recente, a mesma população foi criada em condições de terras altas e baixas, tendo sido analisadas várias caraterísticas de qualidade culinária e nutricional, como o teor de hidratos de carbono e o teor de proteínas.

As antigas variedades de arroz cultivadas na região de Marathwada eram altas em altura e resistentes à clorose férrica, mas, em termos de parâmetros de qualidade, não satisfaziam as exigências dos consumidores no que respeita a grãos longos e delgados e a qualidades do grão do tipo basmati, como o aroma, o teor intermédio de amilose, a ausência de barriga branca e a suavidade na cozedura. No Vasantrao Naik Marathwada Krishi Vidyapeeth e no Upland Paddy Research Scheme, Parbhani, foram feitos esforços para desenvolver variedades de arroz semi-anão de alto rendimento com melhor qualidade de cozedura, adequadas a solos de algodão preto. Foram desenvolvidas diversas variedades, incluindo Prabhavati, Sugandha, Parag e Avishkar.

A grande variedade de cultivares de arroz de terras altas que são adaptáveis a vários agroecossistemas e podem ser cultivadas em circunstâncias de regadio para aumentar ainda mais o rendimento (Kikuta *et al,* 2017). Como resultado, a gestão eficaz dos regimes de irrigação para diferentes variedades de arroz de terras altas aumenta a produtividade da água das culturas e impulsiona significativamente a produção (Shaibu *et al,* 2015).

Um programa de investigação bem definido baseado na análise fisiológica de genótipos de arroz para investigar as correlações entre várias caraterísticas morfofisiológicas e a variabilidade do rendimento, bem como as caraterísticas que contribuem para o rendimento. Tendo em conta o que precede, a presente investigação, intitulada "análise fisiológica de genótipos de arroz promissores em termos de rendimento e de caraterísticas que contribuem para o rendimento", foi realizada com os seguintes objectivos

1. Aceder à variação das caraterísticas fisiológicas, do rendimento e dos seus atributos.

2. Estudar a correlação entre o rendimento do grão e os parâmetros morfo-fisiológicos.

CAPÍTULO 2: REVISÃO DA LITERATURA

2.1. Para aceder à variação das caraterísticas fisiológicas, do rendimento e dos seus atributos

Yoshida *et al,* (1972) estudaram o aspeto fisiológico de altos rendimentos em arroz e relataram que o número de panículas por unidade de área é o componente mais importante do rendimento do arroz. É responsável por 89% da variação no rendimento de grãos.

Sahu e Murthy (1975) registaram a acumulação de 30, 65 e 85% da matéria seca total na fase de iniciação da panícula, floração e colheita, respetivamente. Afirmaram também que a acumulação era comparativamente baixa até à fase de iniciação da panícula (10%).

Janardhan (1977), a clorofila sempre demonstrou ter uma forte relação com a taxa fotossintética em condições normais. Mas, em intensidades de luz mais baixas, torna-se o fator decisivo no arroz.

Gallagher e Biscoe (1978) e Miller *et al,* (1991) descobriram que o número de perfilhos afecta diretamente o número de panículas e, consequentemente, afecta o rendimento total.

Venkateshwarlu e Prasad (1982) relataram que uma maior acumulação de matéria seca por colina resultou numa maior produção de sementes por colina.

Kariyaet al., (1982) referiram que o medidor de clorofila quantifica o verde ou o teor relativo de clorofila das folhas, pelo que o valor crítico ou limiar SPAD é importante e indica a concentração crítica de azoto nas folhas de arroz com base na área foliar. Assim, o medidor de clorofila ou SPAD (Soil plant analysis development) oferece uma nova estratégia para sincronizar a aplicação de N com as necessidades reais da cultura do arroz (Peng *et al,* 1996).

Weng *et al.,* (1984) referiram também que os aumentos de rendimento nas variedades japonesas se deviam principalmente à elevada produção de matéria seca após a colheita.

Fukai *et al.,* (1991) o rendimento dos grãos está estreitamente relacionado com o número de grãos, porque o peso dos grãos é relativamente estável em todos os ambientes.

O rendimento do grão é principalmente limitado pela capacidade de sumidouro, que é a capacidade do grão de aceitar assimilados.

Sidhu *et al.* (1992) registaram um peso de 1000 grãos de 15,80 g com a variedade Basmati 385, 15,70 g com a Basmati 370 e 16,50 g com a Pusa Basmati-1 e Jamal *et al.* (2009) registaram um peso mínimo de 1000 grãos na IRI384, enquanto o peso máximo de 1000 grãos foi registado na variedade ILLABONG.

Saikia *et al.* (1992) observaram que as culturas de sementeira direta amadurecem 15 dias mais cedo do que as transplantadas, o que constitui uma vantagem no sistema de culturas intensivas.

Chandrasekaran (1996) observou um aumento da produção de matéria seca, do índice de área foliar, da duração da área foliar, da taxa de crescimento da cultura e da taxa de crescimento relativo quando o arroz foi irrigado a 5 cm de profundidade, um dia após o desaparecimento da água do tanque. Da mesma forma, a redução do LAI com a redução da quantidade de água de irrigação aplicada pode ser atribuída à redução da expansão foliar, conforme relatado por Wopereis *et al.*, (1996).

Heu e Kim (1997) observaram uma maior Taxa de Crescimento da Cultura (CGR), Taxa de Crescimento Relativo (RGR), Taxa de Assimilação Líquida (NAR) e Índice de Área Foliar (LAI) na cultura de sementeira direta do que numa cultura transplantada mecanicamente, desde o perfilhamento até à fase de crescimento. Afirmaram também que o teor de clorofila e a atividade radicular eram mais elevados 15 dias após a colheita do arroz semeado diretamente.

Miah *et al,* (1997) referiram que os pigmentos de clorofila desempenham um papel importante no processo fotossintético, bem como na produção de biomassa. Os genótipos que mantêm um teor mais elevado de clorofila a e clorofila b nas folhas durante o período de crescimento podem ser considerados potenciais dadores de biomassa e de capacidade fotossintética. A taxa fotossintética mais elevada é apoiada pelo teor de clorofila nas lâminas foliares.

Prasertsak e Fukai (1997) observaram que a floração era atrasada em 11-15 dias quando o arroz era sujeito a stress hídrico. Contrariamente a isto, Ismaila *et al,* (2014) na Nigéria observaram que o número de dias para 50% de floração do arroz foi atingido mais cedo nas parcelas não inundadas do que nas parcelas inundadas.

Yin e Kropff (1998) mostraram que o número final de folhas (FLN) variava entre sete cultivares de arroz e em diferentes datas de sementeira. A temperatura, o fotoperíodo e as caraterísticas genéticas são os principais factores que determinam o número final de folhas no arroz (Yin e Kropff, 1998, Streck *et al.*, 2008 e Sie *et al.*, 1998).

Haung *et al.*, (1999) relataram que o alto índice de colheita de >0,6, em variedades indica de maturação precoce, foi atribuído ao rápido aumento do LAI, matéria seca e grande número de perfilhos reprodutivos.

Vange *et al,* (1999) estudaram 10 genótipos de arroz de duração precoce para o rendimento de grãos e seus componentes e observaram uma variação considerável. O rendimento de grãos variou de 2 a 4,2 toneladas/ha, o peso de 1000 grãos variou de 22,4 a 30,9 g, os grãos por panícula de 116 a 155, as panículas por metro de 140 a 233 e a área da folha bandeira de 26,28 a 42,30 cm.[2]

Kusutani *et al,* (2000) efectuaram estudos sobre as diferenças varietais no índice de colheita e nas caraterísticas morfológicas do arroz e destacaram a contribuição de um índice de colheita elevado para os rendimentos.

Chandrasekhar *et al,* (2001) referiram que as diferenças de rendimento se deviam à diferença significativa no seu rendimento.

Prasad *et al,* (2001) estudaram o efeito da variedade em condições de sementeira direta e referiram que Samba Mahasuri registou um rendimento significativamente superior (5338 kg ha[-1]). Observaram também que a mesma variedade registou um maior número de grãos (132 grãos de panícula[-1]) e mais grãos cheios (104,8 grãos de panícula[-1]).

Shiv Kumar e Haloi (2001) relataram que houve uma variação notável em todas as variáveis de crescimento da cultura, ou *seja,* vigor das plântulas, volume da raiz, índice de área foliar (LAI), taxa de assimilação líquida (NAR), área da folha bandeira, peso específico da folha (SLW), taxa de produção de matéria seca e eficiência de partição. O LAI no arroz perfumado aumentou de 30 DAT a 60 dias após o transplante, enquanto o SLW aumentou até 90 dias após o transplante.

Sharma (2002) referiu que se tinha registado uma variação significativa no comprimento da panícula em variedades de arroz aromático.

Tahir *et al.*, (2002) registaram uma variação significativa entre os diferentes genótipos para o número de espiguetas por panícula.

Rathore *et al.*, (2003) conduziram uma experiência durante três anos (1998, 1999 e 2000) e relataram um rendimento médio de sementes de arroz de 3,98, 2,88, 2,32 e 1,78 t ha^{-1} respetivamente, no arroz de sementeira direta, arroz de sementeira húmida, arroz de sementeira a lanço e arroz transplantado. Isto indica claramente que o arroz de sementeira direta foi superior aos outros métodos em relação ao rendimento do arroz.

Patil *et al,* (2003) avaliaram 128 genótipos de arroz aromático. Foi observada uma ampla gama de variação para o rendimento de grãos e componentes de rendimento como peso de 1000 grãos (7,03 a 23,65 g), perfilho de espiga por planta (3,50 a 13,90 g) e comprimento de panícula (18,70 a 36,60 g).

Dalal *et al,* (2003) estudaram seis variedades de arroz, *nomeadamente* Gobind, Haryana, Basmati 1, IR-64, Jaya e PR-106, relativamente ao seu teor de proteína bruta, que variou entre 7,2 e 9,1 por cento.

Enamul Kabir *et al,* (2004) constataram que a altura das plantas não variou significativamente entre as variedades aos 35 e 50 dias após o transplante (DAT), mas durante a colheita foram encontradas variações significativas na altura das plantas entre as variedades testadas.

Singh *et al,* (2004) verificaram que os dias necessários para a floração (54 dias) e a maturidade (146 dias) foram significativamente mais elevados na transplantação em comparação com a difusão de sementes germinadas (132 dias) e a sementeira em seco (135 dias) foi observada no arroz.

San-oh *et al,* (2004) relataram no arroz que as plantas semeadas diretamente registaram espiguetas cheias significativamente mais elevadas (79,5 %), número de panículas (329 m^{-2}), peso seco (2,27 kg m^{-2}) e rendimento de grãos (0,97kg m^{-2}) em comparação com espiguetas cheias transplantadas (78,9 %), número de panículas (286 m^{-2}), peso seco (2,04 kg m^{-2}) e rendimento de grãos (0,82kg$_{m-2}$.

Siadat *et al.* (2004), no Irão, revelaram que a data de sementeira teve um efeito significativo no rendimento do arroz, no índice biológico de colheita e nas componentes do rendimento, exceto no peso do grão único. O atraso na data de sementeira diminuiu o número de panículas por planta, seguido de uma diminuição do número de sementes por panícula e do peso de uma única semente. O rendimento do arroz também diminuiu com um atraso na data de sementeira, enquanto o índice de colheita aumentou.

Castaneda *et al,* (2005) descobriram que a molhagem e a secagem alternadas do arroz resultaram num rendimento significativamente mais elevado (5,5 t ha^{-1}) com um maior número de perfilhos produtivos (40 perfilhos por planta^{-1}). O arroz aeróbico poupou 73% da água de irrigação para a preparação da terra e 56% durante a taxa de crescimento da cultura. Além disso, utilizou eficazmente a precipitação durante a estação húmida.

Sharma *et al,* (2005a) concluíram que os atributos de rendimento de perfilhos efetivos m^2 e o comprimento da panícula e o rendimento de grãos não diferiram significativamente sob ambos os métodos de estabelecimento *viz., Semeadura* direta e transplante.

Zahid *et al,* (2005) também relataram uma variação altamente significativa para diferentes caraterísticas, incluindo o número de perfilhos produtivos por planta, que foi correlacionado com o rendimento total.

Zaman *et al,* (2005) relataram que a duração até 50 por cento de floração mostrou a maior contribuição para a divergência total no arroz.

Ahmad *et al.,(2005)* relataram que o perfilhamento excessivo leva a um alto aborto de perfilhos, má formação de grãos, pequeno tamanho de panícula e redução no rendimento de grãos. A ramificação excessiva é frequentemente considerada dispendiosa, pois a formação de perfilhos pouco produtivos torna-se uma perda de investimento para uma planta (Dun *et al.,* 2006).

Khan e Bhagat (2005) verificaram que a influência do clima no crescimento e no rendimento da variedade de arroz de terras altas "Annada". O LAI, o CGR e o TDM na floração e o número de panículas e espiguetas foram afectados pelas datas de sementeira e foram mais elevados na sementeira de 9 de julho e na de 9 de julho. Os atributos de rendimento e o rendimento revelaram uma relação positiva com a precipitação e as horas de sol na fase reprodutiva e na fase de enchimento de grãos e uma relação negativa com a temperatura mínima e máxima na fase de enchimento de grãos.

Gill *et al.*, (2006a) observaram que foram obtidos significativamente mais perfilhos efectivos m^2 e rendimento de grãos no arroz de sementeira direta do que no arroz transplantado, mas o comprimento da panícula e o peso do teste foram estatisticamente semelhantes em ambos os métodos de estabelecimento.

Gill *et al.*, (2006b) observaram que o arroz semeado diretamente produziu mais índice de área foliar, perfilhos efectivos e acumulação de matéria seca do que o arroz transplantado.

Rao *et al,* (2007) também relataram que o sistema de intensificação do arroz foi superior no índice de área foliar em comparação com o método tradicional de cultivo.

Yadav *et al.*, (2007) no seu estudo revelou que o teor de proteínas em seis cultivares de arroz diferentes variava entre 5,46 e 7,02%. Entre estas cultivares, a cultivar Jaya diferiu significativamente de todas as outras, exceto da HKR-120, no que diz respeito ao teor de proteínas.

Hossain *et al.*, (2007) referiram que o rendimento biológico tinha uma correlação significativa com a clorofila das folhas. Quando a clorofila das folhas aumenta, a quantidade de assimilados fotossintéticos aumenta e é armazenada no rebento da planta. Mas, quando o teor de clorofila da folha bandeira é elevado, os assimilados fotossintéticos são transportados para o grão e o papel da folha bandeira na produção do rendimento biológico é inferior ao das outras folhas.

Waghmare *et al.*, (2008) estudaram 64 genótipos de arroz e estimaram que a diversidade genética é um pré-requisito para qualquer programa de melhoramento de culturas. As observações foram registadas em diferentes caracteres morfofisiológicos, *nomeadamente,* dias até 50% de floração, altura da planta, número de perfilhos efectivos por planta, comprimento da panícula e rendimento de grãos por planta.

Gill (2008) referiu que o arroz de sementeira direta levou 113 dias a amadurecer, enquanto o arroz transplantado amadureceu em 125 dias, o que mostra claramente que a cultura de arroz de sementeira direta não sofreu qualquer choque de transplante e, como resultado, amadureceu 12 dias mais cedo.

Gill (2008) relatou que o arroz transplantado no dia da semeadura direta produziu significativamente mais perfilhos efetivos (320 m^{-2}) do que a cultura transplantada após

25 dias de semeadura (276,9 m^{-2}).

Rai e Kushwaha (2008) descobriram que cinquenta por cento da floração da cultura do arroz foi atrasada em 3-4 dias na irrigação programada para 3 dias após o desaparecimento da água batida e a maturidade da cultura foi atrasada em 8 a 11 dias devido à mudança nos regimes hídricos do solo de submersão contínua em Pantnagar em solos franco-arenosos.

Hossain *et al.*, (2008) realizaram um estudo para estimar a relação entre o rendimento dos grãos e os parâmetros morfológicos em cinco genótipos de arroz aromático locais e três modernos e constataram que o número mais elevado de perfilhos férteis por colina foi obtido no BRRI dhan-37 (11,7), seguido de forma idêntica por Radhunipagal, Badshabhog e que o número mais baixo de perfilhos férteis por colina foi obtido em Kalizera (9,8) e concluíram que o rendimento dos grãos está diretamente associado ao número de perfilhos férteis.

Rajesh *et al.*, (2008) efectuaram uma análise morfo-fisiológica do rendimento em diferentes genótipos de arroz em situação de planície e constataram que o genótipo PHB-71 registou o maior rendimento de grãos e foi significativamente superior a todos os genótipos estudados, o que se deveu a um maior número de perfilhos totais, perfilhos efectivos e número de grãos cheios por panícula.

Akbari *et al,* (2008) investigaram 10 genótipos de arroz para estudar os caracteres morfológicos mais eficazes para o rendimento do arroz. Os genótipos incluíam 8 novas linhas e 2 cultivares (Fair e Neda) como controlo. Entre os genótipos, a linha 106 e a linha 104 apresentaram o maior e o menor rendimento de grãos, respetivamente. A linha 106 apresentou uma média mais elevada de peso de 1000 grãos, número de folhas activas após a floração, teor de clorofila e rendimento biológico e uma altura de planta mais curta em comparação com outros genótipos.

Mian *et al,* (2009) relataram uma relação linear e positiva dos valores SPAD com a clorofila total, a clorofila-a e a percentagem de azoto foliar, indicando a dependência dos valores SPAD com o teor de clorofila e azoto da folha na floração.

Ashrafuzzaman *et al,* (2009) verificaram que o índice de colheita mais elevado, de 34,94%, foi registado na BR34 e o índice de colheita mais baixo, de 31,51%, foi obtido na Basmati e afirmaram que o índice de colheita é um carácter vital com importância fisiológica. Reflecte a capacidade de uma variedade para translocar os fotossintatos para as partes económicas.

Ashrafuzzaman *et al.,* (2009) estudaram o desempenho do crescimento e a qualidade do grão de seis variedades de arroz aromático BR34, BR38, Kalizira, Chiniatop, Kataribhog e Basmati e descobriram que havia diferenças significativas entre as variedades no número total de panículas por colina. A variedade BR34 apresentou o maior número de panículas por colina (12), seguida da Kalizira (11,33) e a Basmati produziu o menor número de panículas por colina.

Aye e Oscar (2009) observaram que o número de folhas no colmo principal das variedades de arroz PSB, Rc72H, PSB Rc18 e Dinorado era maior, com consequente alta produtividade fotossintética.

Jamal *et al.,* (2009) avaliaram cinco genótipos de arroz exótico, juntamente com um controlo local, relativamente ao rendimento e às caraterísticas que contribuem para o rendimento e verificaram que os perfilhos por planta entre os genótipos de arroz variavam entre 10 e 13. O número máximo de 13 perfilhos por colina foi registado na variedade IRI 384 e o número mínimo de 10 foi registado na variedade PR 26881-JP 16-4B-78-5-1. Eles também concluíram que o rendimento de grãos estava diretamente associado ao número de perfilhos efetivos.

Sinha *et al.,* (2009) observaram que a acumulação de matéria seca na raiz e no rebento aumentava com o aumento da idade da cultura e que havia uma diferença significativa entre as variedades.

Shahidullah *et al.,* (2009) referiram que diferentes genótipos de arroz aromático apresentavam enormes variações no que respeita ao índice de área foliar (LAI), taxa de crescimento da cultura (CGR), taxa de crescimento relativo (RGR), taxa de assimilação líquida (NAR), rendimento de grãos, matéria seca total, índice de colheita e eficiência fotossintética ou eficiência de utilização de energia (Eµ) nas fases de iniciação da panícula e de encabeçamento.

Mondal *et al,* (2010) referiram que os parâmetros fisiológicos e de rendimento diferiam significativamente entre os genótipos. O mutante RM 100-24 teve um bom desempenho no que respeita a parâmetros fisiológicos como AGR, RGR e NAR. Além disso, o RM 100-24 também manifestou superioridade nos caracteres que contribuem para o rendimento em relação aos outros genótipos e resultou num maior rendimento de grãos.

Patel *et al.*, (2010) verificaram que, entre os componentes do rendimento avaliados, o tamanho do pecíolo (espiguetas por panícula) contribuiu mais para o rendimento e é considerado o fator mais importante responsável pela diferença de rendimento entre o arroz aeróbio e o arroz inundado.

Pandey *et al.*, (2010) estudaram a variabilidade genética de 40 genótipos de arroz para rendimento e seus componentes e afirmaram que a análise de variância revelou diferenças altamente significativas para todos os caracteres estudados, indicando a presença de variabilidade genética substancial. A maior magnitude de GCV e PCV foi registada para o índice de colheita, o rendimento de grãos por colina, a altura da planta e o rendimento biológico por colina.

Guhey *et al.*, (2010) observaram que o número de grãos cheios foi observado como um atributo importante afetado drasticamente em condições de regadio e de sequeiro. O rendimento de grãos mostrou que Dagaddeshi, Ramjiyawan e 419-3-D produziram o maior rendimento de grãos em condições de irrigação. O rendimento de grãos foi mais alto no genótipo Banaspor e mais baixo no Lalnakanda sob condições de irrigação.

Banerjee *et al.*, (2011) relataram que houve variabilidade significativa para o teor de proteína dos grãos. O teor de proteína dos grãos moídos entre 258 linhas variou de 4,91% a 12,08%. O teor de lisina variou de 1,73 a 7,13 g/16g de N. O resultado também revelou a presença de uma ampla variabilidade genética para o teor de proteína e lisina nas variedades de arroz que foram objeto de estudo.

Ullah *etal,* (2011) estudaram a inter-relação e a análise dos efeitos de causa entre as caraterísticas morfofisiológicas do arroz Biorin do Bangladesh no Bangladesh Rice Research Institute, Gazipur, Bangladesh Dez cultivares tradicionais de arroz Biorin foram testadas no terreno de investigação do Bangladesh Rice Research Institute, Gazipur, Bangladesh, em Randomized Complete Block Design (RCBD) com três repetições durante a estação de transplante Aman 2004 para descobrir a variabilidade genética, inter-relações e análise de causa-efeito para 7 caraterísticas morfo-fisiológicas em variedades de arroz Biorin. A contribuição máxima de um maior teor de clorofila para o rendimento de grãos foi observada na análise de caminho, que foi seguida por um maior índice de colheita e grãos por panícula através de um maior efeito direto. O índice de área foliar, o comprimento da panícula, os dias até à maturação, os grãos por panícula, o índice de colheita, o peso de 1000 grãos e a altura da planta tiveram um efeito positivo, mas indireto, no rendimento de grãos através do teor de clorofila. Tendências semelhantes também foram observadas para o índice de colheita através do índice de área foliar, panículas por planta, dias para a floração, grãos por panícula, teor de clorofila e comprimento da panícula.

Babu *et al,* (2012) estudaram os parâmetros genéticos para a produção e os caracteres que contribuem para a produção em 21 híbridos de arroz e referiram que os caracteres estudados expressavam uma hereditariedade baixa a elevada, variando entre 25,5 para a produção de grãos por planta e 96,3% para os dias até 50% de floração. Entre os caracteres de rendimento, a hereditariedade mais elevada foi registada para os dias até 50% de floração, seguida do número de grãos chochos por panícula e do número de grãos cheios por panícula. O maior avanço genético foi observado para número de grãos cheios por panícula, seguido de dias até 50% de floração e o menor para rendimento de grãos por planta.

Babu *etal.,* (2012) estudaram os parâmetros genéticos para a produção, a qualidade da produção e os caracteres nutricionais em vinte e um híbridos de arroz na Divisão de Melhoramento de Culturas, Direção de Investigação do Arroz, Rajendranagar, Hyderabad, Índia. A análise de variância revelou diferenças significativas para todas as caraterísticas em estudo. Os caracteres, *nomeadamente o* número de grãos cheios por panícula, o número de grãos chochos por panícula e o teor de ferro, apresentaram um coeficiente de variação genotípica (GCV) e um coeficiente de variação fenotípica (PCV) elevados. Foram registadas pequenas diferenças entre o GCV e o PCV para todos os caracteres estudados, o que indica uma menor influência do ambiente nestes caracteres. Os caracteres, *nomeadamente o* número de grãos cheios por panícula e a absorção de água, apresentaram uma elevada hereditariedade associada a um elevado avanço genético, indicando que a seleção simples pode ser eficaz para melhorar estes caracteres.

OvungeZ al., (2012) estudaram a divergência genética em 70 genótipos de arroz, considerando 13 caracteres quantitativos e revelaram a presença de uma quantidade considerável de variabilidade entre os genótipos. Foram observadas estimativas elevadas de GCV e PCV para o rendimento de grãos por colina, seguido de perfilhos por colina e índice de colheita. Foi registada uma elevada hereditariedade com elevado avanço genético para espiguetas por panícula.

Yaqoob *et al.,* (2012) avaliaram dez genótipos de arroz quanto ao rendimento e aos componentes do rendimento e relataram que a discrepância entre os genótipos foi considerada significativa e altamente significativa. Os valores médios para os dias até o espigamento variaram de 108 a 130 dias, altura da planta de 86,67 a 114,67 cm, comprimento da panícula de 21,67 a 27,33 cm, total de perfilhos por planta de 8 a 14,67, perfilho produtivo por planta de 7,67 a 12,67, maturidade de 137,33 a 148,33 dias, peso de 1000 sementes de 16,26 a 23,13 g e rendimento de grãos de 1,64 a 3,43 toneladas por hectare.

Gong *et al.,* (2013) relataram que o período de enchimento do grão (20 dias após a colheita) do arroz é crítico para a formação do rendimento do grão de arroz e sua qualidade, enquanto a temperatura do ar neste período tem efeitos significativos sobre o enchimento do grão de arroz.

Gill e Walia (2013) relataram que o arroz basmati semeado diretamente com adubo castanho registou uma acumulação de matéria seca, LAI e perfilhos efectivos (m-^{2}) significativamente mais elevados do que o arroz transplantado.

Dutta *et al.,* (2013) observaram uma variação significativa para todos os doze caracteres entre 68 genótipos de arroz em estudo. Foram registados GCV e PCV elevados para espiguetas por panícula, densidade de espiguetas, espiguetas por planta, rendimento de grãos, perfilhos por planta, dias até 50 % de floração, índice de colheita e peso de 1000 sementes, enquanto que moderados para o comprimento da panícula e baixos para a percentagem de sementes viáveis.

Toshimenla (2013) estudou setenta e quatro acessos de arroz de terras altas para a avaliação de 13 caracteres quantitativos e relatou que a variação fenotípica e genotípica máxima foi registada para o número de grãos cheios, altura da planta, número de grãos não cheios, dias até 50% de floração e dias até à maturidade. Os valores da variação fenotípica e genotípica foram muito próximos para a largura da folha e o peso de 1000 sementes, indicando a natureza estável destes caracteres.

Tuwar *et al.*, (2013) estimaram os componentes genéticos da variabilidade em 29 genótipos de arroz e revelaram uma ampla gama de variação para 12 caracteres. A altura da planta apresenta altas estimativas de GCV e PCV, precedidas pelo número de perfilhos e perfilhos efetivos por planta, número de espiguetas e número de grãos por panícula e peso de grãos por panícula. O PCV foi, em geral, maior que o GCV, mas as diferenças entre PCV e GCV para muitas caraterísticas foram menores, sugerindo a menor influência do ambiente.

Thomas *et al,* (2013) estudaram seis variedades diferentes de arroz e relataram que o teor de proteína variou de 5,96 a 8,16%, enquanto o teor de gordura variou entre 0,07 e 1,74%.

Show *et al,* (2014) observaram uma diminuição do perfilhamento, do LAI e do CGR da cultura do arroz em humedecimento e secagem alternados, o que levou a uma redução da produção de panículas, da formação de grãos, do desenvolvimento dos grãos e, em última análise, a um fraco rendimento da cultura sob a prática de irrigação AWD no verão, em comparação com a saturação contínua.

Al-Salih Hadi Farhood Al-Salim *et al,* (2016) estudaram genótipos para as condições de irrigação do campo para todas as caraterísticas como altura da planta (cm), comprimento da panícula (cm), número de grãos por planta, peso de 1000 grãos (g), número de perfilhos por planta, número de perfilhos produtivos por planta e rendimento de grãos (gm 2).

Kumhar *et al.*, (2016) registaram os parâmetros de crescimento mais elevados na técnica de transplante de arroz no que diz respeito ao rendimento e aos parâmetros que contribuem para o rendimento, como os perfilhos efectivos (360,58 m^2), o comprimento da panícula (21,07 cm) em comparação com a sementeira por perfuração. Da mesma forma, Senthil (2016) revelou que o método SRI de plantação de arroz registou um comprimento de panícula significativamente mais elevado (25 cm), o que é significativo com a sementeira húmida (15 cm).

Knife *et al,* (2017) avaliaram a adaptabilidade e o desempenho produtivo de genótipos de arroz de terras altas em ambientes locais. Foram avaliados dezasseis genótipos de arroz de terras altas, incluindo o controlo padrão. A análise combinada de variância revelou variações significativas nos genótipos para a maioria das caraterísticas, mas não há significância para a interação genótipo por ambiente com base nas caraterísticas analisadas selecionadas e isso implicou que os genótipos não foram afetados pelo ambiente e os genótipos de superioridade em todo o ambiente são constantes. O maior rendimento de grãos de 3,5 t ha^{-1} foi registado por G4-Tana seguido por G2-Getachew.

Basha *et al.*, (2017) realizaram uma experiência que consistiu em vinte e quatro combinações de tratamentos, incluindo quatro parcelas principais (calendário de rega) e três subparcelas (geometria de plantação) que foram replicadas três vezes. Eles observaram que a combinação de tratamento de semeadura de sementes germinadas na geometria de plantio de 30 cm × 10 cm com irrigação em estágios críticos produziu significativamente maior rendimento de grãos (4383 kg ha^1), rendimento de palha (6788 kg ha^1), perfilhos produtivos m^2 (631,05), produção de matéria seca (1390,42 g m^2) e maiores retornos líquidos (Rs 40.482 ha^1) com relação custo-benefício de 2,42. Sugeriram que a programação da irrigação em fases críticas do crescimento da cultura registou a maior eficiência de utilização da água (70,93 kg ha cm^1).

Padhiary *et al,* (2017) avaliaram as caraterísticas morfofisiológicas de diferentes variedades de arroz cultivadas em condições de alagamento e submersão, mostrando o número máximo de inter-nós (mais de 3cm) no caule (6,85), raiz adventícia (4,23), altura da planta aos 90 dias (135,53 cm) e (152,33 cm) aos 150 dias, número de perfilhos (9.20) aos 120 dias, perfilhos efetivos/hill (8,74), LAI (4,91), LAR (58,78 cm^2 /g), taxa de crescimento relativo (38,93 mg/g/dia), LWR (0,30 g/g), taxa de crescimento da cultura (11.66 mg/m^2 /dia), NAR (40,95 mg/dm^2 /dia, matéria seca de rebentos (1145,0 g/m^2), comprimento da panícula (27,26 cm), grão amadurecido/panícula (203,33) e peso de 1000 sementes (24,58g) em Varsadhan.

2.2. Estudar a correlação entre o rendimento do grão e os parâmetros morfo-fisiológicos.

Kumar Ananda (1992) relatou que, em cultivares de arroz de terras altas, o comprimento da panícula e o número de perfilhos tinham uma associação positiva significativa e uma associação negativa do comprimento da panícula com a altura da planta. Além disso, salientaram que a altura da planta e o número de perfilhos podem ser utilizados como critério de seleção para melhorar a produção.

Geetha (1993) relatou que um estudo de 21 genótipos indicou que o número de perfilhos portadores de espiga, espiguetas cheias por panícula, percentagem de espiguetas cheias, peso de teste, rendimento de palha e índice de colheita estavam todos correlacionados positivamente com o rendimento de grãos.

Miah *et al,* (1996) referiram que o rendimento elevado é determinado por um processo fisiológico que conduz a uma elevada acumulação líquida de fotossintatos e à sua partição para o sumidouro, enquanto Biswas *et al,* (1998) referiram diferenças varietais no rendimento do grão de arroz.

Selvarani e Ranga swamy (1998) referiram que, no arroz, os dias até à floração, o número de perfilhos produtivos e o índice de colheita tinham uma correlação positiva significativa com o rendimento dos grãos.

Cheema *et al.,* (1998) encontraram uma correlação positiva e significativa entre o peso de 1000 grãos e o rendimento de grãos por planta. Resultados semelhantes foram também registados por Mirza *et al.,* (1992). Mondal *et al.,* (2005) registaram uma diferença significativa entre as cultivares estudadas para o peso de 1000 grãos.

Norbakhshian e Rezai (1999) referiram que a taxa de crescimento relativo (RGR) e a CGR na floração tinham uma correlação positiva com o rendimento de grãos no arroz e também afirmaram que o LAI estava correlacionado negativamente com o rendimento de grãos na floração. Pinheiro e Guimarães (1990) referiram que, na ausência de stress ambiental, o rendimento aumentava com o aumento do LAI.

Peng *et al.* (1999) verificaram que, em todos os estádios fenológicos do método de sementeira direta e transplante de arroz, o NAR e o LAI tinham uma correlação positiva com o rendimento de grãos. Aos 70 e 85 dias após a transplantação, o NAR e o LAI não tiveram efeitos significativos no rendimento de grãos, enquanto Erfani e Nasiri (2000) referiram que o CGR, o NAR e o índice de área foliar (LAI) foram mais elevados ao longo das fases de crescimento em genótipos melhorados do que em genótipos tradicionais.

Thaware *et al.,* (1999) relataram um efeito direto positivo dos dias até 50% de floração. O efeito direto dos dias até à maturação foi positivo e muito elevado, mas o coeficiente de correlação genotípica e o efeito indireto através dos dias até à floração a 50%, a altura da planta, os perfilhos produtivos por planta e a percentagem de fertilidade foram negativos, enquanto Iftikhar *et al.* (2001) referiram uma correlação negativa entre os dias até à maturação e as espiguetas por panícula.

Rao e Shrivastav (1999) observaram que o rendimento de grãos era mais alto em Ananda, Aditya, Tulasi, Rasi e Tellahamsa, que tinham estatura moderada, números moderados de panículas m^{-2} e números mais altos de panículas de espiguetas cheias^{-1}. As análises de correlação revelaram associações positivas de dias para a floração com dias para a maturidade e número de panículas de espiguetas férteis^{-1}, panículas de espiguetas férteis^{-1} com fertilidade de espiguetas e rendimento de grãos; e índice de colheita com rendimento de grãos.

Chandra e Das (2000) sugeriram que os genótipos que foram selecionados para rendimento e parâmetros morfofisiológicos como o índice de área foliar, a produção de matéria seca do caule e a produção de matéria seca das folhas estavam significativa e positivamente associados ao rendimento de grãos. O índice de colheita também foi significativamente associado ao rendimento de grãos. O HI é o principal determinante do rendimento devido ao seu efeito direto e à contribuição indireta da capacidade de absorção de N, CGR, LAI na floração, peso e volume do sumidouro através do HI.

Geethadevi *et al,* (2000) relataram uma correlação positiva significativa entre o rendimento de grãos e o número de espiguetas da panícula^{-1}, o comprimento da panícula, o peso do grão da colina^{-1}, o peso de mil grãos e o peso da panícula.

Singh *et al.,* (2000) relataram que o número de grãos férteis da panícula^{-1} e o índice de colheita têm uma associação positiva e significativa com o rendimento de grãos. Foi observado um efeito direto elevado da panícula de grãos férteis^{-1} e do índice de colheita no rendimento de grãos.

Fageria e Baligar (2001) referiram que o comprimento da panícula e o número de espiguetas tinham a maior correlação com o rendimento de grãos. O comprimento da panícula teve uma correlação positiva e significativa com o número de grãos por panícula e uma correlação negativa e significativa com o rendimento de grãos.

Chandrasekhar *et al,* (2001) referiram que CGR, LAI, LAD e SLW tinham um efeito direto na produção de matéria seca e no rendimento, enquanto RGR tinha uma correlação negativa e significativa com o rendimento de grãos (Kulmi, 1992).

Dutta *et al,* (2002) referiram que as variedades de arroz de elevado rendimento tinham um LAI mais elevado e uma maior LAR e, consequentemente, produziam mais matéria seca e mais rendimento. Do mesmo modo, Burondkar *et al.* (1990) registaram uma correlação positiva significativa entre o LAI antes e depois da floração, a taxa de crescimento da cultura e a taxa de crescimento relativo e a produção de sementes de arroz.

Singh *et al.* (2002) revelaram que a produtividade do arroz estava positiva e significativamente correlacionada com os dias até a maturidade, número de perfilhos por planta, comprimento da panícula, peso de teste e número de grãos por panícula. O número de perfilhos por planta teve um efeito direto positivo máximo na produção de sementes e um efeito indireto positivo através dos dias até à maturidade, do comprimento da panícula e do número de grãos por panícula.

Farrel *et al,* (2003) indicaram que o rendimento de grãos teve correlação positiva com LAI, CGR e NAR e descobriram que há também uma correlação entre a iniciação do perfilho e a iniciação da folha. O aumento do número de perfilhos e do comprimento das folhas foi a razão para o aumento do LAI em variedades de perfilhos altos e baixos.

Horie (2003) referiu que, nas linhas de maturidade precoce, o aumento do CGR antes da floração teve uma correlação significativa com o rendimento de grãos, enquanto nas linhas de maturidade tardia o aumento do CGR após a floração teve uma correlação significativa com o rendimento.

Kumar *et al,* (2004) observaram que, no arroz, existe uma associação positiva entre o atraso na floração e o rendimento do grão, o teor relativo de água e a produção de matéria seca após a floração em condições de regadio. No entanto, também se observou que havia uma correlação direta entre o atraso da floração e a esterilidade.

Mahadevi *et al,* (2004) observaram índices morfológicos em genótipos de arroz em condições de regadio. Os índices morfológicos dos genótipos modernos foram superiores aos dos genótipos antigos. Os genótipos antigos apresentavam maior altura de planta e menor capacidade de perfilhamento do que os genótipos modernos. A altura das plantas e a capacidade de perfilhamento apresentaram correlações negativas e positivas com a produtividade.

Lanceras *et al,* (2004) conduziram uma experiência em condições de boa irrigação e observaram uma elevada associação genética para o rendimento biológico, índice de colheita, dias para a floração após o início do gradiente de irrigação, percentagem de esterilidade de espiguetas, número total de espiguetas, altura da planta e rendimento de grãos. No entanto, apenas o rendimento biológico e o índice de colheita foram significativamente associados ao rendimento de grãos em condições de seca.

Yoga Meenakshi *et al,* (2004) referiram que o rendimento das plantas estava positivamente correlacionado com todas as caraterísticas, exceto os dias até 50 por cento de floração, o número de grãos 13 panícula^{-1} , o índice de estabilidade da clorofila expressou uma correlação altamente positiva com o rendimento dos grãos.

Munshi (2005) referiu que o rendimento do grão de arroz estava positivamente correlacionado com o teor de clorofila e mostrou que os genótipos de elevado rendimento também apresentavam um teor de clorofila mais elevado.

Baruah *et al,* (2006) A diferença varietal no que diz respeito a perfilhos efectivos/produtivos teve uma correlação positiva com o rendimento de grãos de arroz.

Baloch *et al,* (2006) também observaram que o perfilho efetivo (perfilhos produtivos) foi considerado muito importante porque o rendimento final depende principalmente do número de panículas com perfilhos.

Swain *et al.,* (2006) encontraram uma relação altamente significativa e positiva entre o teor de clorofila total em todas as fases de crescimento e o número de grãos/m^2 . O aumento do rendimento foi atribuído ao teor de clorofila no desenvolvimento do pecíolo e no enchimento do grão.

Hossain *et al.,* (2007) referiram que o rendimento biológico tinha uma correlação positiva significativa com a clorofila das folhas. Quando a clorofila das folhas aumenta, a quantidade de assimilados fotossintéticos aumenta e é armazenada no rebento da planta. Mas, quando o teor de clorofila da folha bandeira é elevado, os assimilados fotossintéticos são transportados para o grão e o papel da folha bandeira na produção do rendimento biológico é inferior ao das outras folhas.

Hossain *et al.,* (2008) realizaram um estudo para estimar a relação entre o rendimento dos grãos e os parâmetros morfológicos em cinco genótipos de arroz aromático locais e três modernos e constataram que o número mais elevado de perfilhos férteis por colina foi obtido no BRRI dhan-37 (11,7), seguido de forma idêntica por

Radhunipagal, Badshabhog e que o número mais baixo de perfilhos férteis por colina foi obtido em Kalizera (9,8) e concluíram que o rendimento dos grãos está diretamente associado ao número de perfilhos férteis.

Arumugam *et al.*, (2008) referiram que a associação entre os componentes do rendimento, a sua influência direta e indireta no rendimento de grãos de arroz foi realizada em seis ambientes diferentes. O rendimento de grãos foi significativa e positivamente correlacionado com os caracteres que o compõem, como a fertilidade das espiguetas, o peso de 1000 grãos e os dias até 50% de floração, independentemente do ambiente. A análise do coeficiente de caminho revelou que o efeito direto dos dias até 50 por cento de floração no rendimento de grãos foi mais elevado, seguido da altura da planta, peso de 1000 grãos e índice de colheita. O efeito indireto da maioria destes caracteres no rendimento de grãos foi mais elevado através do índice de colheita.

Yadav *et al*, (2008) investigaram que os estudos de associação entre o rendimento e 11 caraterísticas que atribuem rendimento revelaram uma associação significativa e positiva entre o comprimento da panícula, o número de espiguetas/panícula, a largura da folha bandeira, o rendimento biológico e o índice de colheita com o rendimento da planta. Nenhuma das caraterísticas em estudo mostrou uma associação negativa e significativa com o rendimento de grãos. A análise do coeficiente de caminho revelou que o total de perfilhos, o comprimento da panícula, o número de espiguetas/panículo, a largura da folha bandeira, a duração da maturação, o peso de teste, o rendimento biológico e o índice de colheita mostraram um efeito direto positivo no rendimento da planta.

Krishna *et al.*, (2008) referiram que os grãos cheios e a fertilidade das espiguetas estavam significativamente correlacionados com o rendimento do grão, da mesma forma que *Samonte et al.*, (1998) também verificaram que o número de grãos cheios por panícula tinha um efeito positivo significativo no rendimento do grão de arroz, enquanto Rasheed *et al.*, (2002) referiram que a percentagem de fertilidade apresentava uma correlação positiva mas não significativa com o rendimento do grão por planta.

Satish Chandra *et al*, (2009) estudaram a correlação e a análise da trajetória do rendimento e dos componentes do rendimento do arroz e revelaram que o rendimento dos grãos está positivamente associado ao número de perfilhos produtivos por planta.

Shahidullah *et al*, (2009) realizaram uma experiência com trinta genótipos de arroz aromático para avaliar os padrões de perfilhamento e explorar a sua relação com o rendimento de grãos. Observou-se uma grande variação na dinâmica do perfilhamento entre os genótipos. Verificaram que o número de panículas estava positivamente correlacionado com o número máximo de perfilhos e o rendimento de grãos. O número total de perfilhos na colheita teve efeito direto no rendimento de grãos.

WuGui *et al.*, (2010) mostraram que o rendimento estava significativamente correlacionado com a matéria seca na maturidade e com a acumulação de matéria seca desde o início até à maturidade. A produção de matéria seca desde a junta até à cabeça foi significativa e positivamente correlacionada com o rendimento.

Chakraborty e Chakraborty (2010) estudaram a variabilidade genética e a correlação de alguns traços morfométricos com o rendimento de grãos em arroz de grãos arrojados *(Oryza sativa* L.) no Departamento de Biotecnologia da Universidade de Assam, Silchar, Assam, Índia. Realizaram uma experiência com 47 genótipos de arroz de grãos arrojados e duas variedades de controlo de alto rendimento recomendadas localmente, nomeadamente Ranjit e Manohar Sali, de Barak Valley, Assam, para avaliar a variabilidade genética, a correlação e a coerência de oito caracteres morfofisiológicos. No presente estudo, foi encontrada uma elevada hereditariedade associada a um elevado avanço genético nos caracteres rendimento de grãos por colina e percentagem de esterilidade. Estes caracteres foram predominantemente governados por ação genética aditiva. O coeficiente de correlação genotípica foi maior do que o coeficiente de correlação fenotípica correspondente, indicando uma forte associação inerente entre o rendimento de grãos por planta e outros caracteres morfofisiológicos.

Sadeghi (2011) encontrou uma correlação positiva e significativa entre o rendimento de grãos e os grãos por panícula, os dias até à maturidade, o peso da panícula, o número de perfilhos produtivos, os dias até à floração, a altura da planta, o comprimento da panícula, a largura da folha bandeira e o comprimento da folha bandeira, indicando a importância destes caracteres para a melhoria do rendimento numa determinada população.

Adeyemi (2011) estudou 25 cultivares de arroz de terras altas e a análise de variância indicou diferenças altamente significativas para a altura das plantas e o peso dos grãos.

Abade *et al.*, (2016) avaliaram vinte genótipos de arroz em ecossistema irrigado. Foram avaliados e analisados dados sobre o número de dias até à floração, número de perfilhos, número de dias até à maturação, comprimento da panícula, número de grãos por panícula, comprimento do grão, peso de 1000 grãos e rendimento do grão. O ecossistema Muirrua produziu o maior rendimento médio (3,96 t ha^{-1}) seguido pelo ecossistema Lifuwu (3,42 t ha^{-1}). Nove caraterísticas, nomeadamente o número de perfilhos, o peso de 1000 grãos, o comprimento da panícula, o número de grãos por panícula, o comprimento do grão, o número de dias até 50% de floração e o número de dias até à maturidade foram positivamente correlacionados com o rendimento do grão. Diferenças significativas (P7,5 mm). Faya apresentou a maior percentagem de grãos inteiros (60%), em comparação com Marista (20,2%).

CAPÍTULO 3: MATERIAL E MÉTODOS

O presente estudo, intitulado "physiological analysis of promising rice genotypes for yield and yield contributing traits" ("análise fisiológica de genótipos de arroz promissores em termos de rendimento e caraterísticas que contribuem para o rendimento"), foi realizado na exploração de investigação do Upland Paddy Research Scheme, VNMKV, Parbhani, durante a *Kharif* 2021. Os pormenores do material utilizado e das técnicas adoptadas durante a investigação são descritos sucintamente neste capítulo.

3.1. Sítio experimental

A experiência foi realizada durante a estação *Kharif* 2021 na exploração de investigação do Upland Paddy Research Scheme, VNMKV, Parbhani, Maharashtra.

3.2. Condições climatéricas

Geograficamente, Parbhani está situada a 408,50 m acima do nível médio do mar e tem um clima subtropical. Situa-se a 19016' de latitude norte e 73^0 47' de longitude leste. Os dados meteorológicos sobre precipitação, temperatura máxima e mínima, humidade relativa, evaporação, horas de sol brilhante e velocidade do vento durante o crescimento da cultura foram registados no observatório meteorológico da Faculdade de Agricultura, VNMKV, Parbhani e são apresentados no Quadro 3.1.

A temperatura máxima média semanal durante o período de crescimento da cultura *Kharif* 2021 foi registada como 31,4 graus Celsius, enquanto a temperatura mínima média foi de 21,1 graus Celsius. A humidade relativa média durante o período de crescimento das culturas variou entre 43 e 105 por cento. A média de horas de sol variou de 2,4 a 9,4 por dia. A velocidade média do vento variou de 2,1 a 5,8 km hr .$^{-1}$

A precipitação total recebida durante o período da monção de 2021, entre junho e dezembro, foi de 1670,3 mm.

Quadro 3.1 Dados meteorológicos semanais para o ano de 2021 em Parbhani durante a realização da experiência

WK	Period	RF (mm)	Temperature (°C)		Humidity (%)		EVP (mm)	BSS (Hrs.)	WS (Kmph)
			Max.	Min.	I	II			
22	31 may- 6 Jun	71.1	35.7	23.0	76	43	7.6	6.1	5.5
23	7-13 Jun	154.4	32.9	21.0	87	60	3.3	5.7	3.5
24	14-20 Jun	102.6	32.5	21.5	88	62	4.6	6.0	5.8
25	21-27 Jun	9.7	32.7	19.6	86	57	4.7	5.5	5.4
26	28 Jun – 4 July	35.3	32.9	23.3	84	57	4.6	5.6	5.2
27	5-11 July	41.1	33.4	23.8	82	54	5.3	5.9	4.2
28	12-18 July	389.7	29.7	22.0	96	78	1.1	2.4	3.7
29	19-25 July	126.7	30.1	22.6	92	73	3.0	5.7	4.1
30	25-31 July	9.9	30.5	21.4	89	65	3.4	4.5	5.3
31	1-7 Aug	1.4	30.9	21.6	84	63	3.3	2.7	5.8
32	8-9 Aug	2.3	33.1	22.5	84	52	4.9	6.2	4.2
33	15-21 Aug	48.5	29.4	22.2	89	70	3.6	4.7	4.6
34	22-28 Aug	5.9	30.6	22.4	92	64	3.1	5.2	2.9
35	29 Aug-4 Sept	48.8	30.0	22.7	78	59	3.0	3.4	2.8
36	5-11 Sept	233.1	28.2	21.8	94	78	1.6	3.9	3.3
37	12-18 Sept	44.4	30.9	22.0	90	69	3.4	6.6	4.3
38	19- 25 Sept	48.6	30.9	22.3	105	71	4.0	5.1	3.7
39	26 Sept-2 Oct	133.9	28.9	21.8	94	75	1.6	2.2	3.6
40	3-9 Oct	112.9	32.7	22.4	94	59	3.5	7.3	2.4
41	10-16 Oct	3.0	33.0	21.2	92	46	4.4	7.8	2.3
42	17-23 Oct	45.8	31.1	19.6	89	48	4.2	7.0	2.9
43	24-30 Oct	0.0	31.5	15.9	86	30	5.0	9.4	2.1
44	31Oct–6Nov	0.0	31.2	15.7	79	36	5.5	8.5	3.7
45	7-13 Nov	0.0	30.9	14.3	85	29	5.0	7.6	3.3
46	14-20 Nov	0.0	30.8	20.6	81	54	4.1	4.5	4.6
47	21-27 Nov	1.2	31.7	21.7	88	49	4.0	6.5	4.3
	Mean total	1670.3	31.4	21.1	87.9	57.7	3.9	5.6	4.0

3.3. Materiais experimentais

O material para o presente estudo incluiu 10 genótipos promissores de arroz, incluindo dois genótipos de controlo, Avishkar e PBNR 03-2. O material experimental foi recolhido no Upland Paddy Research Scheme, Parbhani. O material experimental foi testado em um projeto de blocos aleatórios (RBD) com três repetições durante a temporada *Kharif* 2021.

3.4. Detalhes experimentais

1. Cultura : Arroz

2. Número de genótipos: 12 (10+2 controlos)

3. Época : *Kharif* 2021

4. Projeto : RBD (Randomised Block Design)

5. Réplicas : 3

6. Tamanho do terreno : 4 m x 3,5 m

7. Espaçamento: 30 x 10 cm

8. Verificações : Avishkar e PBNR 03-2

9. Data da sementeira: 22-06-2021

10. Local de experimentação : Quinta de investigação, UPRS, VNMKV, Parbhani.

Quadro 3.2: Lista de entradas

Sr.no	Culture
1	PBNR 14-07
2	PBNR 14-11
3	PBNR 14-15
4	PBNR 14-17
5	PBNR 14-18
6	PBNR 14-21
7	PBNR 15-02
8	PBNR 15-05
9	PBNR 15-10
10	PBNR 15-12
11	Avishkar (check)
12	PBNR 03-2 (check)

3.4.1 Estrutura

As unidades experimentais foram dispostas de acordo com o plano. O esquema consistia em 36 parcelas experimentais em três repetições. Cada repetição foi dividida em 12 unidades experimentais. Cada unidade experimental tinha uma dimensão de 4 m x 3,5 m. Os tratamentos foram distribuídos aleatoriamente em diferentes parcelas, como mostra a figura 1.

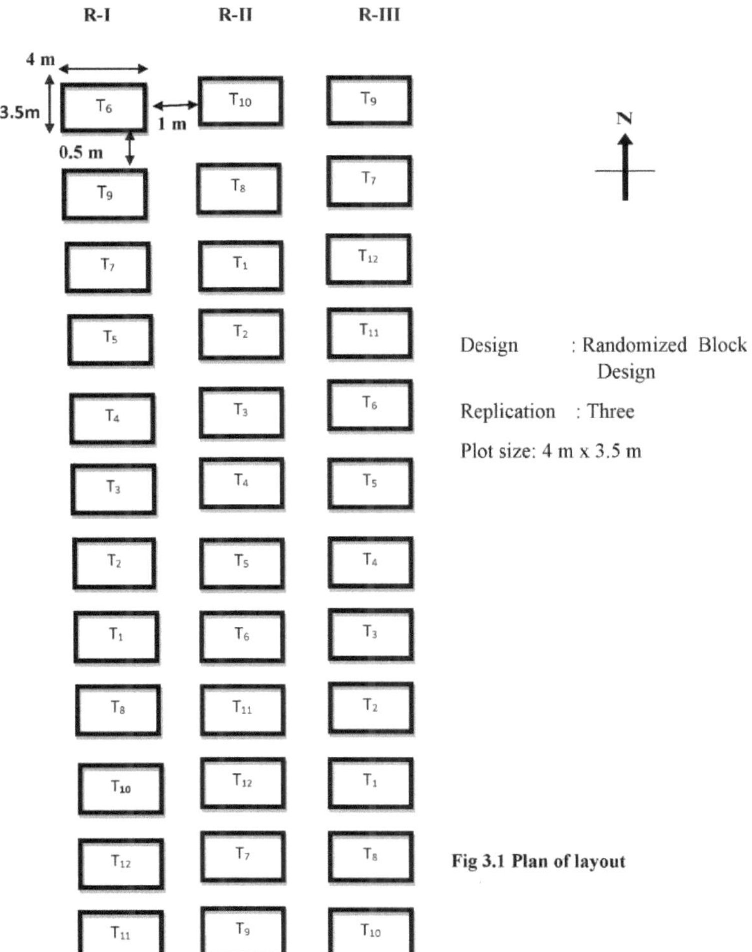

Fig 3.1 Plan of layout

3.3. Observações registadas

As observações foram registadas em relação aos parâmetros morfofisiológicos, nomeadamente, altura da planta, número de perfilhos, número de folhas, dias até 50% de floração, dias até à maturidade, LA, LAI, peso seco da planta, CGR, RGR, NAR e atributos de rendimento, nomeadamente, número de panículas por planta, comprimento da panícula, número de espiguetas por panícula, número de grãos cheios por panícula, número de grãos não cheios por panícula, peso de 1000 grãos, rendimento de grãos por planta, rendimento de grãos por parcela, índice de colheita. Foram selecionadas cinco plantas ao acaso nas duas linhas para registar as observações. O valor médio foi determinado a partir destas plantas e estes valores foram utilizados para análise. Os caracteres de qualidade do grão estudados foram o teor de clorofila, o teor de proteínas e o teor de hidratos de carbono. Os valores médios das caraterísticas de qualidade do grão foram obtidos e utilizados para a análise da qualidade do grão.

3.5.1. Observações morfofisiológicas

3.5.1.1 Altura da planta (cm)

Na maturidade, de cada repetição, a altura média de cinco plantas de cada genótipo foi medida em centímetros do nível do solo até a base da panícula no perfilho principal e os valores médios foram usados para análise.

3.5.1.2. Número de perfilhos por planta

Cinco plantas de cada parcela de cada repetição foram selecionadas aleatoriamente para registar as observações e o número de perfilhos com panícula foi registado.

3.5.1.3. Número de folhas por planta

O número total de folhas foi determinado pela contagem das folhas de cima para baixo de todos os perfilhos num monte e os valores médios dos cinco montes foram retirados de cada genótipo e expressos por monte.

3.5.1.4. Dias até 50% de floração

O número de dias necessários, desde a sementeira até à floração de aproximadamente 50% das plantas em cada parcela de cada repetição, foi registado e o número médio de dias até 50% da floração foi calculado.

3.5.1.5. Dias até ao vencimento

O número de dias necessários para a maturação completa dos grãos em cada parcela foi registado em cada repetição e os valores médios foram calculados.

3.5.1.6. Área foliar

Foram colhidas cinco amostras de plantas da parcela experimental no estádio de 50% de floração. Foram medidos o comprimento e a largura máximos das folhas. Da mesma forma, as folhas do resto dos perfilhos foram removidas e a medição foi efectuada. Para a área foliar, foi utilizado um fator de 0,75 (na floração) e 0,67 (no estádio P.I.).

Área foliar = comprimento x largura x fator de correlação (K)

3.5.1.7. Índice de área foliar

O LAI foi registado aos 30, 60 e 90 DAS. De uma única colina, foi selecionada uma folha bem orientada de cinco plantas e o seu comprimento e largura foram medidos com a ajuda de uma escala de metros. Para a área foliar, foi utilizado um fator de 0,75 (na floração) e 0,67 (no estádio P.I.). O LAI foi calculado utilizando as fórmulas

$$\textbf{Leaf area index (LAI)} = \frac{\textbf{Leaf Area}}{\textbf{Ground Area}}$$

3.5.1.8. Peso seco da planta

A matéria seca da planta foi registada aos 30, 60 e 90 DAS por amostragem destrutiva de 5 plantas na terceira linha de cada parcela. Após a secagem à sombra, as amostras foram submetidas a uma temperatura de 60 C-70^{oo} C numa estufa de ar quente até se obter um peso constante. Após a secagem completa, a matéria seca foi pesada e expressa em g m$^-$ 2.

3.5.1.9. Taxa de crescimento das culturas (CGR)

O método foi sugerido por Watson (1956). O CGR explica a matéria seca acumulada por unidade de superfície por unidade de tempo (g m^{-2} dia^{-1}). A taxa de crescimento da cultura (CGR) foi calculada utilizando a fórmula:

$$\text{CGR} = \frac{(W_2 - W_1)}{P\,(T_2 - T_1)}$$

Onde, W1 e W2 são o peso seco da planta inteira em T_1 e T_2 respetivamente T_1 e T_2 são intervalos de tempo em dias, P é a área do solo.

3.5.1.10. Taxa de crescimento relativo (RGR)

O aumento do peso seco por unidade de peso seco original da planta por unidade de tempo é designado por taxa de crescimento relativo. A RGR foi calculada de acordo com as fórmulas:

$$RGR = \frac{\log_e W_2 - \log_e W_1}{T_2 - T_1}$$

Em que, LogeW1 e LogeW2 são os logaritmos naturais dos pesos secos totais nos momentos T_1 e T_2

3.5.1.11. Taxa de assimilação líquida (NAR)

O NAR é o aumento do peso da matéria seca de uma planta por unidade de área foliar e por unidade de tempo. Foi calculado através de fórmulas:

$$NAR = \frac{W_2 - W_1}{A_2 - A_1} \times \frac{\log_e A_2 - \log_e A_1}{T_2 - T_1}$$

onde,

W_2 e W_1 = matéria seca total em estádios sucessivos,

T_2 e T_1 = intervalo de tempo

loge A_2 e loge A_1 = diferenças logarítmicas naturais da área foliar

3.5.2. Atributos de rendimento

3.5.2.1. Número de panículas por planta

O número total de panículas de cinco plantas de cada genótipo de cada repetição foi contado e os valores médios foram calculados.

3.5.2.2. Comprimento da panícula (cm)

O comprimento da panícula no perfilho principal de cinco plantas de cada genótipo de cada repetição foi registado em centímetros a partir da base da panícula até ao ápice da panícula e os valores médios foram calculados.

3.5.2.3. Número de espiguetas por panícula

O número de espiguetas cheias e friáveis de todas as panículas derivadas de cinco As plantas foram agrupadas e calculada a média para obter o número de espiguetas por panícula.

3.5.2.4. Número de grãos cheios por panícula

O número de grãos férteis por panícula num perfilho principal de cinco plantas de cada genótipo de cada repetição foi registado e os valores médios foram calculados.

3.5.2.5. Número de grãos não cheios por panícula

O número de grãos não férteis ou friáveis por panícula em um perfilho principal de cinco plantas de cada genótipo de cada repetição foi registrado e os valores médios foram calculados.

3.5.2.6. Peso de mil grãos/ Peso de ensaio (g)

Uma amostra aleatória de 1000 grãos inteiros e bem desenvolvidos, secos até um teor de humidade de 13%, foi pesada numa balança eletrónica de precisão para obter o peso de 1000 grãos em gramas.

3.5.2.7. Rendimento de grãos por planta (g)

Cinco plantas aleatórias de cada genótipo de cada repetição foram separadas e o peso dos grãos por planta foi registado e os valores médios foram obtidos.

3.5.2.8. Rendimento de grãos por parcela (kg)

As espigas colhidas nas parcelas da rede foram debulhadas e os grãos foram secos e depois pesados. Utilizando o rendimento da parcela líquida, foi calculado o rendimento em kg ha^{-1} .

3.5.2.9. Índice de colheita (%)

É a razão entre o rendimento de grãos e o rendimento biológico total e foi calculado para cada genótipo e expresso como Índice de Colheita (Donald, 1962).

$$\text{Harvest Index (\%)} = \frac{\text{Grain yield}}{\text{Total biological yield}}$$

3.5.3 Caraterísticas bioquímicas

3.5.3.1. Teor de clorofila

O teor de clorofila foi registado como unidade SPAD a partir do instrumento ou dispositivo eletrónico denominado medidor de clorofila. A folha saudável foi selecionada para a medição da leitura SPAD da planta. Os valores SPAD foram medidos em cinco folhas de cada genótipo de cada repetição e, em seguida, foi calculado o valor médio. O teor de clorofila foi medido entre as 9:30 e as 10:30 da manhã, num dia de céu limpo.

3.5.3.2. Teor de proteínas

As amostras de sementes de 12 genótipos de arroz foram utilizadas neste estudo. A proteína total dos grãos de arroz integral de todos os genótipos testados foi estimada pelo método de micro- Kjeldahl modificado, indicado por Johri *et al,* (2000) para grãos de arroz. Os pormenores do procedimento são os seguintes:

Transformação de grãos de genótipos de arroz

Antes de serem analisadas, as amostras de arroz de todos os doze genótipos de arroz foram submetidas a descasque e trituração.

Descasque

Cerca de 500 grãos de cada um dos diversos genótipos de arroz foram descascados à mão utilizando uma unidade de descasque manual revestida de poliuretano.

Retificação

Os grãos de arroz de todos os diversos genótipos de arroz foram pulverizados com um almofariz de pilão.

Processo de digestão

Transferiu-se 0,5 g de grãos de arroz para o tubo de digestão e adicionou-se 5-7 g de mistura de K2SO4 e CuSO4. Adicionaram-se 10 ml de ácido sulfúrico concentrado e os tubos de digestão foram colocados no bloco de digestão, tendo a temperatura aumentado de 360^0 C para 410^0 C. Após 2 a 3 horas, quando as amostras perderem a cor ou ficarem verdes claras, retirá-las do bloco de digestão e colocá-las num suporte para arrefecer até à temperatura ambiente.

Processo de destilação

As amostras digeridas foram submetidas a uma unidade de destilação "pelican make" e a destilação das amostras foi efectuada com ácido bórico a 4% e NaOH a 40%. Introduziram-se 10 ml de ácido bórico num erlenmeyer, ao qual se adicionaram 2 a 4 gotas de corante indicador misto. O frasco foi colocado sob o condensador com a ponta de saída imersa na solução. A amostra digerida foi transferida para um aparelho de destilação e foram-lhe adicionados 8 a 10 ml de NaOH a 40%. Recolheram-se cerca de 20 ml de destilado de caule no frasco cónico.

Processo de titulação

As amostras da destilação foram retiradas e tituladas com ácido sulfónico 0,05N até ao aparecimento da primeira cor violeta como ponto final. O valor do título foi utilizado para calcular a (%) de azoto. Posteriormente, a (%) de azoto é convertida em percentagem de proteínas, utilizando o fator de conversão 5,95. Para cada série de determinações de azoto, foi sempre utilizada uma placa com as mesmas quantidades de todo o reagente, mas sem a amostra.

$$\%Nitrogen = \frac{(Vol.\ of\ Sulfonic\ acid - Vol.\ of\ blank) \times Normality \times 14 \times 100}{Sample\ weight\ (g) \times 1000}$$

Proteína (%) = % N x 5,95

3.5.3.3. Teor de hidratos de carbono

As amostras de sementes de 12 genótipos de arroz foram utilizadas neste estudo.

O teor de hidratos de carbono totais dos grãos de arroz de todos os genótipos testados foi estimado pelo método de Anthrone, descrito por Hedge e Hofreiter (1962). O procedimento é descrito em pormenor a seguir:

1. Pesar 100 mg da amostra para o tubo de ebulição

2. Hidrolisar, mantendo-a num banho de água a ferver durante três horas, com 5 ml de HCL 2,5 N e arrefecer até à temperatura ambiente.

3. Neutralizar com carbonato de sódio sólido até ao fim da efervescência.

4. Completar o volume para 100 ml e centrifugar.

5. Recolher o sobrenadante e tomar alíquotas de 0,5 e 1,0 para análise.

6. Preparar os padrões tomando como banco 0, 0,2, 0,4, 0,6, 0,8 e 1,0 ml do padrão de trabalho "0".

7. Completar o volume para 1,0 ml em todos os tubos, incluindo os tubos de amostra, adicionando água destilada.

8. De seguida, adicionar 4 ml de reagente de antrona.

9. Aquecer durante oito minutos num banho de água a ferver.

10. Arrefecer rapidamente e ler a coloração verde a escura a 630 nm.

11. Desenhar um gráfico de padrões traçando a concentração do padrão no eixo x versus a absorvância no eixo y.

12. A partir do gráfico, calcular a quantidade de hidratos de carbono presente no tipo de amostra.

Reagentes e soluções para a estimativa de hidratos de carbono

1. 2,5 N HCL

2. Reagente de antrona: dissolver 200 mg de antrona em 100 ml de H_2SO_4 a 95% gelado e preparar de novo antes de utilizar.

3. Padrão de glucose: Stock - Dissolver 100 mg em 100 ml de água. Padrão de trabalho 10 ml de stock diluído a 100 ml com água destilada. Conservar no frigorífico após adição de algumas gotas de tolueno.

3.5.4. Análise estatística

Os dados de campo foram analisados estatisticamente de acordo com o projeto de blocos aleatórios e os dados de laboratório foram analisados. Os dados de todas as entradas na experiência foram submetidos à análise de variância (Panse e Sukhatme, 1985) para testar a significância dos genótipos. O coeficiente de correlação foi estimado pelo método de Pearson.

CAPÍTULO 4: RESULTADOS E DISCUSSÃO

A experiência intitulada **"Physiological analysis of promising rice genotypes for yield and yield contributing traits"** (**Análise fisiológica de genótipos de arroz promissores em termos de rendimento e caraterísticas que contribuem para o rendimento)** foi realizada durante a *Kharif* 2021 na quinta de investigação do Upland Paddy Research Scheme (UPRS), Vasantrao Naik Marathwada Krishi Vidyapeeth (VNMKV), Parbhani, Maharashtra. O objetivo da investigação foi estudar a variação do rendimento e determinar a correlação entre o rendimento dos grãos e os parâmetros morfofisiológicos. Neste capítulo, a experimentação é apresentada e interpretada juntamente com quadros adequados e ilustrada em figuras.

4.1 Observações morfofisiológicas

4.1.1. Altura da planta

A altura das plantas de todos os doze genótipos experimentais foi registada na maturidade fisiológica. Foi observada uma variação significativa na altura das plantas em todos os genótipos experimentais de arroz. A altura da planta dos genótipos de arroz varia de 59,00 a 98,53 cm, os genótipos PBNR 14-07 atingiram a altura máxima da planta (98,53cm) seguido por PBNR-14-11 (93,87cm), enquanto a altura mínima da planta alcançada por PBNR 15-10 (59,00cm). (Tabela 4.1 e Fig 4.1)

Os resultados relativos à altura das plantas estão de acordo com Enamul Kabir *et al,* (2004) que registaram uma variação significativa da altura das plantas na colheita entre os genótipos de arroz fino aromático testados.

4.1.2. Número de perfilhos por planta

O número de perfilhos variou significativamente entre os genótipos de arroz. O número de perfilhos dos genótipos de arroz varia de 11,8 a 19,53, o genótipo PBNR 14-07 atingiu o número máximo de perfilhos (19,53 perfilhos planta^{-1}) seguido por PBNR 14-11 (19,0 perfilhos planta^{-1}), enquanto o número mínimo de perfilhos observado em PBNR 14-17 (11,8 perfilhos planta^{-1}). (Tabela 4.1 e Fig. 4.1)

Gill *et al,* (2006) também registaram informações semelhantes. Este facto também é apoiado por Castaneda *et al.,* (2005).

Quadro 4.1 Observações morfo-fisiológicas dos genótipos de arroz.

Sr. No	Genotypes	Plant height	Number of Tillers per plant
1	PBNR 14-07	98.53	19.5
2	PBNR 14-11	93.86	19.0
3	PBNR 14-15	60.20	13.7
4	PBNR-14-17	72.53	11.8
5	PBNR 14-18	82.53	13.8
6	PBNR 14-21	75.80	13.9
7	PBNR 15-02	82.33	14.8
8	PBNR 15-05	82.20	13.0
9	PBNR 15-10	59.00	13.2
10	PBNR 15-12	85.60	12.6
11	AVISHKAR (check)	93.80	18.0
12	PBNR 03-2 (check)	87.60	16.5
	C.D.	15.8	2.14
	SE(m)	5.3	0.72

4.1.3. Número de folhas

Observou-se que em todos os genótipos o número de folhas aumentou dos 30 DAS aos 60 DAS e depois diminuiu até à maturidade (Quadro 4.2 e Figura 4.2). O tamanho da superfície fotossintética em termos de número de folhas foi significativamente diferente em todos os genótipos de arroz. O número máximo de folhas foi registado no PBNR 14-07 (35 e 54) seguido do PBNR 1411 (28,4 e 52,3) e o número mínimo de folhas foi encontrado no PBNR 14-17 (21,6 e 42,3) aos 30 e 60 DAS.

A diminuição do número de folhas em direção à maturidade pode ser atribuída à senescência das folhas mais velhas. Aye e Oscar (2009) também revelaram que o maior número de folhas, com consequente maior produtividade fotossintética, é responsável por elevados rendimentos em genótipos de arroz. Resultados semelhantes foram também obtidos por Yin e Kropff *et al,* (1998).

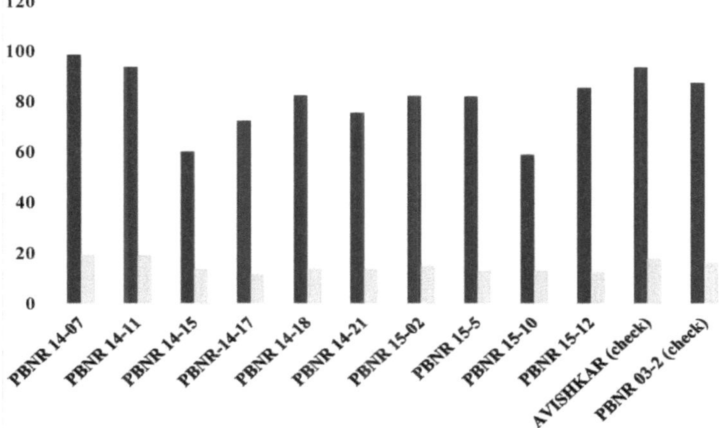

Fig 4.1 Observações morfo-fisiológicas de genótipos de arroz.

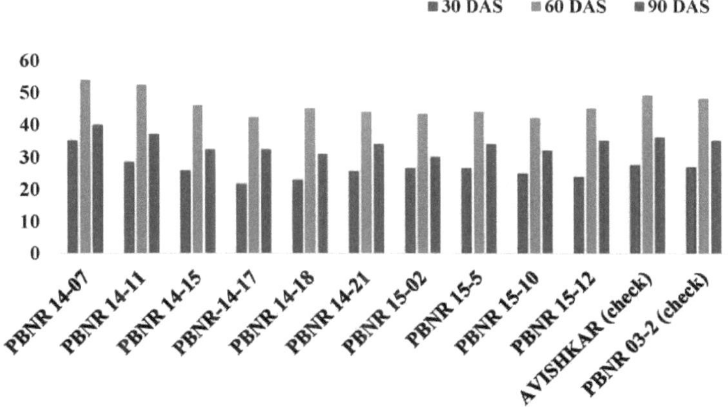

Fig. 4.2 Número de folhas por planta aos 30, 60 e 90 DAS dos genótipos de arroz.

Quadro 4.2 Número de folhas por planta aos 30, 60 e 90 DAS dos genótipos de arroz.

Number of leaves per plant at 30, 60 and 90 DAS				
Sr.No	Genotypes	30 DAS	60 DAS	90 DAS
1	PBNR 14-07	35.0	54.0	40.0
2	PBNR 14-11	28.4	52.3	37.0
3	PBNR 14-15	25.8	46.0	32.3
4	PBNR-14-17	21.6	42.3	32.3
5	PBNR 14-18	22.9	45.0	31.0
6	PBNR 14-21	25.6	44.0	34.0
7	PBNR 15-02	26.6	43.3	30.0
8	PBNR 15-05	26.6	44.0	34.0
9	PBNR 15-10	24.8	42.6	32.0
10	PBNR 15-12	23.8	45.0	35.0
11	AVISHKAR (check)	27.4	49.0	36.0
12	PBNR 03-2 (check)	26.9	48.0	35.0
	C.D.	5.72	5.62	4.19
	SE(m)	1.93	1.90	1.42

4.1.4. Dias até 50% de floração

Os resultados revelaram que houve diferença significativa para os dias até 50% de floração dos genótipos. PBNR 15-10 levou o máximo (87,33) DAS para dias até 50% de floração seguido por PBNR 14-15 (87) DAS. O mínimo de dias para atingir 50% de floração foi registado no PBNR 1505 (67,00). (Tabela 4.3 e Fig. 4.3)

A presente investigação confirma o estudo de Krishna *et al.* (2008) e indicou que a produção de sementes por planta estava positiva e significativamente correlacionada com os dias até 50 por cento de floração. Resultados semelhantes foram também registados por Ashrafuzzaman *et al.* (2009).

4.1.5. Dias até ao vencimento

Os resultados revelaram que houve uma variação significativa de dias para a maturação em todos os doze genótipos de arroz. PBNR 14-15 e PBNR 15-10 levaram no máximo 139 dias para atingir a maturidade. Os dias mínimos para a maturação foram observados no PBNR 15-05 (109 dias) e PBNR 032 (110 dias), enquanto o PBNR 14-07 levou 118 dias para a maturação. (Tabela 4.3 e Fig. 4.3)

Alfredo e Edwin (2006) e Ashrafuzzaman *et al*, (2009) mostraram uma diferença altamente significativa entre os genótipos no que respeita aos dias até à maturidade.

Tabela 4.3 Observações morfo-fisiológicas dos genótipos de arroz.

Sr. No.	Genotypes	Days to 50% flowering	Days to maturity
1	PBNR 14-07	75.00	118
2	PBNR 14-11	82.33	136
3	PBNR 14-15	87.00	139
4	PBNR-14-17	81.66	136
5	PBNR 14-18	71.66	125
6	PBNR 14-21	85.00	137
7	PBNR 15-02	80.33	121
8	PBNR 15-05	67.00	109
9	PBNR 15-10	87.33	139
10	PBNR 15-12	71.66	135
11	AVISHKAR (check)	76.66	116
12	PBNR 03-2 (check)	73.66	110
	C.D.	7.721	12.942
	SE(m)	2.616	4.384

4.1.6. Área foliar

A área foliar de todos os doze genótipos experimentais de arroz foi calculada aos 30, 60 e 90 DAS da cultura. Observou-se uma variação significativa na área foliar entre todos os genótipos de arroz estudados dos 30 DAS aos 90 DAS. Observou-se que em todos os genótipos o número de folhas aumentou dos 30 aos 60 DAS e depois diminuiu até à maturidade (Quadro 4.4 e Figura 4.4). A área foliar variou de 20,75 a 32,66 cm^2 em condições de terras altas. Entre os genótipos, a área foliar máxima foi alcançada no genótipo PBNR 14-07 (32,66 cm^2) seguido pelo PBNR 14-11 (29,05 cm^2).

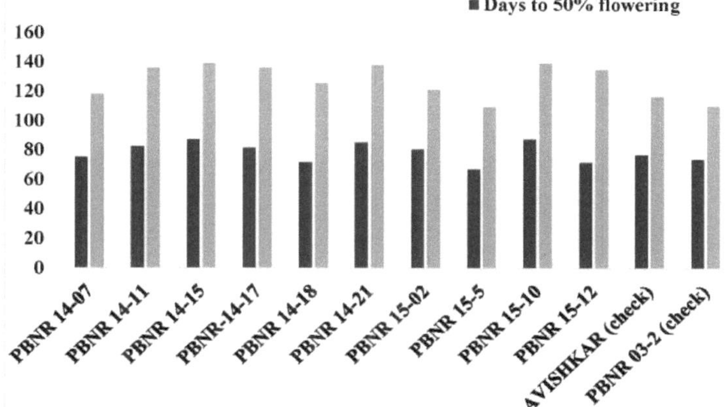

Fig. 4.3 Observações morfo-fisiológicas de genótipos de arroz.

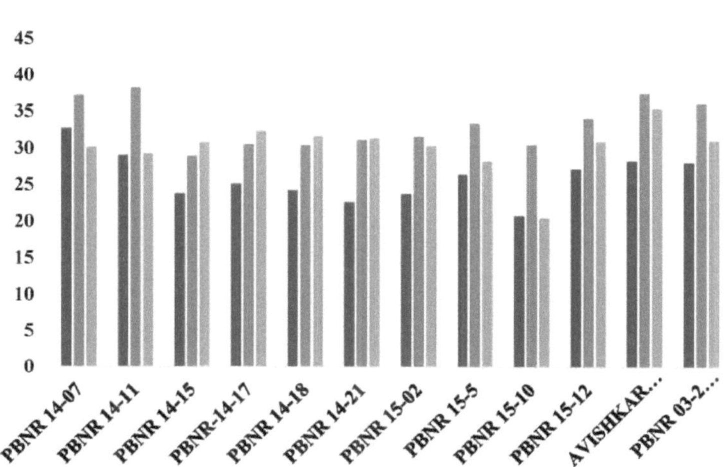

Fig.4.4 Área foliar aos 30, 60 e 90 DAS dos genótipos de arroz.

aos 30 DAS, enquanto o mínimo foi observado no PBNR 15-10 (20,75 cm^2) aos 30 DAS. No entanto, aos 60 DAS a área foliar máxima foi registada no genótipo PBNR 14-11 (38,11 cm^2) seguido do Avishkar (37,42 cm^2), enquanto que o mínimo foi observado no genótipo PBNR 14-15 (28,9 cm^2).

Hsiao *et al,* (1976) também revelaram os mesmos resultados e relataram que a redução na área foliar devido a um potencial hídrico mais baixo parecia ser uma consequência do aumento lento das células sob baixa disponibilidade de água. Foi observada uma tendência menor ou maior na investigação efectuada por estes autores.

Tabela 4.4 Área foliar aos 30, 60 e 90 DAS dos genótipos de arroz.

	Leaf area (cm^2)			
Sr. No.	Genotypes	30 DAS	60 DAS	90 DAS
1	PBNR 14-07	32.66	37.17	30.17
2	PBNR 14-11	29.05	38.19	29.26
3	PBNR 14-15	23.82	28.90	30.79
4	PBNR-14-17	25.12	30.49	32.31
5	PBNR 14-18	24.31	30.37	31.64
6	PBNR 14-21	22.60	31.13	31.32
7	PBNR 15-02	23.76	31.55	30.34
8	PBNR 15-05	26.42	33.34	28.19
9	PBNR 15-10	20.75	30.41	20.45
10	PBNR 15-12	27.18	34.05	30.88
11	AVISHKAR (check)	28.25	37.42	35.37
12	PBNR 03-2 (check)	27.99	36.05	31.04
	C.D.	5.349	4.174	4.706
	SE(m)	1.812	1.414	1.594

4.1.7. Índice de área foliar (LAI)

Foi observada uma variação significativa no índice de área foliar entre os genótipos de arroz estudados dos 30 DAS aos 90 DAS. Observou-se que em todos os genótipos o número do índice de área foliar aumentou dos 30 DAS aos 60 DAS e depois diminuiu até a maturidade (Tabela 4.5 e Fig. 4.5). O índice de área foliar máximo foi observado no PBNR 14-07 (3,24, 8,04 e 4,70) seguido pelo PBNR 14-11 (2,96, 7,35 e 4,58) aos 30, 60 e 90 DAS, enquanto que o índice de área foliar mínimo foi observado no PBNR 15-10 (1,59, 3,95 e 2,03) aos 30, 60 e 90 DAS respetivamente.

Estes resultados acima referidos são apoiados por Venkateswarlu e Maduley (1976) e este estudo também confirma os resultados de Shahidullah *et al,* (2009) que afirmaram que diferentes genótipos de arroz aromático apresentavam variações significativas para o índice de área foliar (LAI).

Tabela 4.5 Índice de área foliar aos 30, 60 e 90 DAS dos genótipos de arroz.

	Leaf area Index			
Sr. No.	Genotypes	30 DAS	60 DAS	90 DAS
1	PBNR 14-07	3.24	8.04	4.70
2	PBNR 14-11	2.96	7.35	4.58
3	PBNR 14-15	2.02	4.38	3.25
4	PBNR-14-17	1.91	4.48	3.74
5	PBNR 14-18	2.21	4.37	3.14
6	PBNR 14-21	1.94	4.65	3.62
7	PBNR 15-02	1.95	4.20	2.82
8	PBNR 15-05	2.39	4.98	3.25
9	PBNR 15-10	1.59	3.95	2.03
10	PBNR 15-12	2.46	5.21	3.68
11	AVISHKAR (check)	2.86	6.78	4.00
12	PBNR 03-2 (check)	2.70	6.23	3.91
	C.D.	0.596	1.17	0.439
	SE(m)	0.202	0.396	0.149

4.1.8. Peso seco da planta

O peso seco das plantas variou significativamente entre os genótipos de arroz. Observou-se que em todos os genótipos o peso seco da planta aumentou de 30 DAS a 90 DAS (Tabela 4.6 e Fig 4.6). O peso seco máximo da planta foi observado no genótipo PBNR 14-07 (15,86 g/p) seguido pelo PBNR 14-11 (14,51 g/p) aos 30 DAS, enquanto o peso seco mínimo da planta foi observado no PBNR 15-10 (11,47 g/p) aos 30 DAS e aos 60 e 90 DAS as mesmas tendências foram observadas.

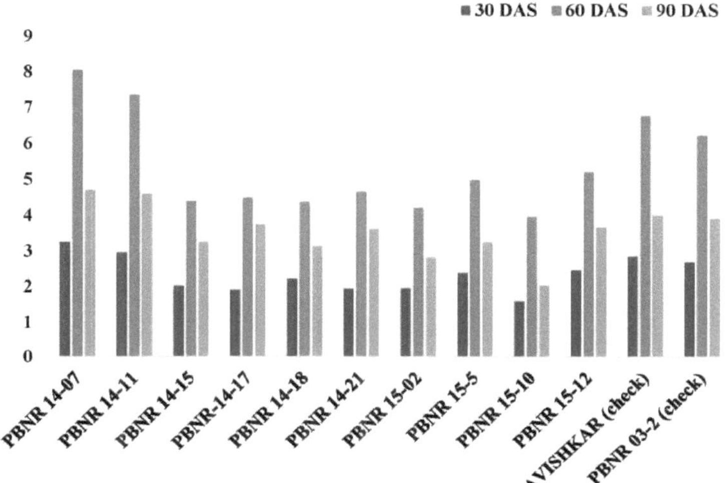

Fig.4.5 Índice de área foliar aos 30, 60 e 90 DAS dos genótipos de arroz.

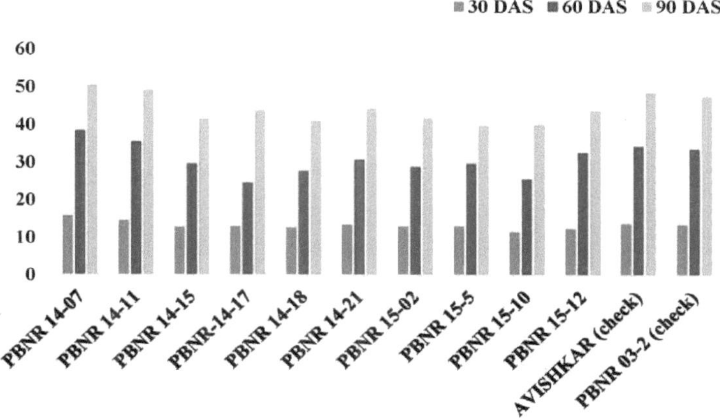

Fig.4.6 Peso seco da planta aos 30, 60 e 90 DAS dos genótipos de arroz.

Tabela 4.6 Peso seco da planta aos 30, 60 e 90 DAS dos genótipos de arroz.

Plant dry weight (g)			
Sr. No.	Genotypes	30 DAS	60 DAS	90 DAS
---	---	---	---	---
1	PBNR 14-07	15.85	38.41	50.45
2	PBNR 14-11	14.51	35.44	49.15
3	PBNR 14-15	12.75	29.60	41.43
4	PBNR-14-17	12.89	26.52	43.69
5	PBNR 14-18	12.61	27.65	40.91
6	PBNR 14-21	13.42	30.60	44.19
7	PBNR 15-02	12.90	28.68	41.66
8	PBNR 15-05	13.02	29.60	39.61
9	PBNR 15-10	11.47	25.56	39.98
10	PBNR 15-12	12.42	32.62	43.61
11	AVISHKAR (check)	13.66	34.23	48.45
12	PBNR 03-2 (check)	13.47	33.49	47.47
	C.D.	1.859	3.236	6.273
	SE(m)	0.63	1.096	2.125

Resultados semelhantes foram também registados por Chandrashekar *et al.,* (2001) e Sinha *et al.,* (2009). O presente estudo confirma os pontos de vista de Venkateshwarlu e prasad (1982), segundo os quais se pode esperar que a planta com maior acumulação de matéria seca tenha uma maior produção de sementes por planta, uma vez que a matéria seca total é um dos factores que determinam a produção de sementes.

4.1.9. Taxa de crescimento da cultura (CGR) (g m^{-2} dia)$^{-1}$

Foram observadas variações significativas nas fases de crescimento das culturas nos doze genótipos de arroz. A taxa de crescimento da cultura (CGR) aumentou gradualmente até aos 30-60 dias, mas diminuiu gradualmente mais tarde. O aumento da taxa de crescimento da cultura deve-se ao aumento do índice de área foliar. A CGR máxima foi observada entre 30 e 60 DAS em todos os genótipos e, nesta fase, a CGR mais elevada foi de 0,250 g cm^2 dia^{-1} registada pelo PBNR 14-07, seguido pelo PBNR 14-11 com 0,232 g cm^2 dia$^-$ 1) A CGR mínima foi registada no genótipo PBNR 14-17 (0,129 g cm^2 dia^{-1}). (Tabela 4.7 e Fig. 4.7).

Tabela 4.7 Taxa de crescimento da cultura em vários estágios de crescimento de genótipos de arroz.

Crop Growth Rate (CGR) (g m^{-2} day^{-1})			
Sr. No.	Genotypes	0-30 DAS	30-60 DAS	60-90 DAS
1	PBNR 14-07	0.176	0.250	0.134
2	PBNR 14-11	0.161	0.232	0.152
3	PBNR 14-15	0.142	0.187	0.131
4	PBNR-14-17	0.143	0.129	0.213
5	PBNR 14-18	0.140	0.167	0.147
6	PBNR 14-21	0.149	0.191	0.151
7	PBNR 15-02	0.143	0.175	0.144
8	PBNR 15-05	0.145	0.184	0.111
9	PBNR 15-10	0.127	0.157	0.160
10	PBNR 15-12	0.138	0.224	0.122
11	AVISHKAR (check)	0.152	0.228	0.146
12	PBNR 03-2 (check)	0.150	0.222	0.155
	C.D.	0.016	0.023	0.019
	SE(m)	0.005	0.008	0.006

Resultados semelhantes foram também registados por Erfani e Nasiri (2000) e Chandrashekar *et al.,* (2001) para híbridos de arroz. Depois de atingir o CGR máximo, este diminui até à maturidade devido ao envelhecimento das folhas e à queda de folhas (Nicknejad *et al,* 2009).

4.1.10. Taxa de crescimento relativo (RGR) (g/g/dia)

A taxa de crescimento relativo foi calculada aos 0-30, 30-60, 60-90 DAS, todos os genótipos experimentais de arroz têm diferenças significativas na RGR em todas as fases de crescimento. A taxa máxima de crescimento relativo (RGR) foi registada no PBNR 14-07 (0,092 g/g/dia) seguido do PBNR 14-11 (0,089 g/g/dia) aos 30 DAS e a RGR mínima foi registada pelo genótipo PBNR 15-10 (0,081 g/g/dia). (Tabela 4.8 e Fig. 4.8)

A taxa de crescimento relativo (RGR) diminuiu com a idade da cultura. Sestak (1971) e Chandrashekar *et al*. registaram uma diminuição semelhante da RGR com a idade da cultura,

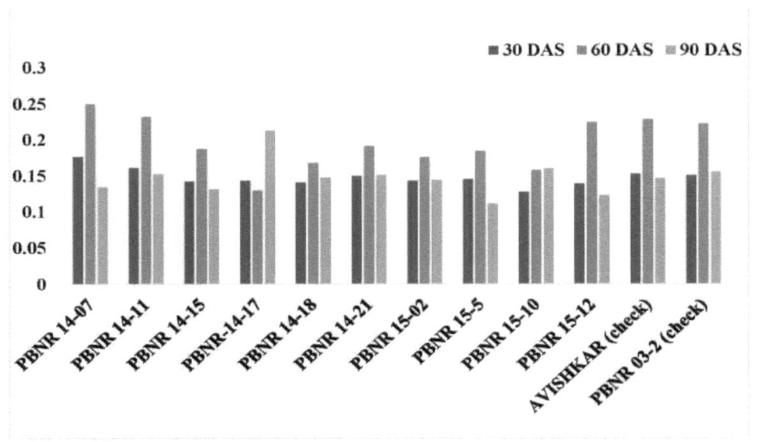

Fig.4.7 Taxa de crescimento da cultura em vários estágios de crescimento de genótipos de arroz.

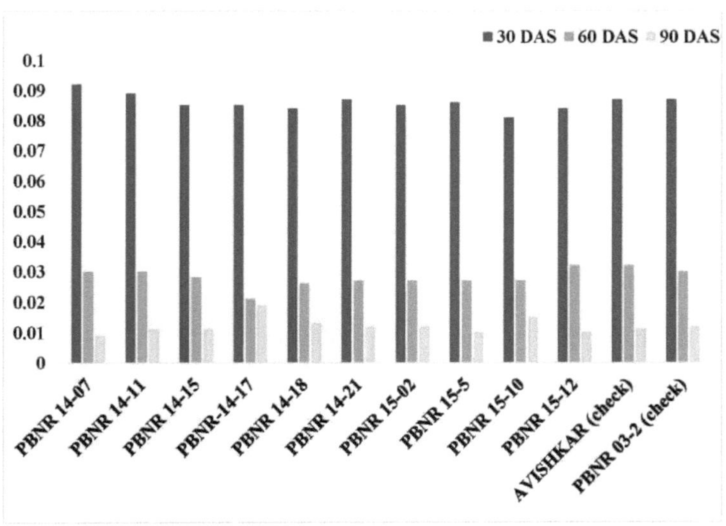

Fig.4.8 Taxa de crescimento relativo em vários estágios de crescimento de genótipos de arroz.

(2001). A razão desta diminuição com a idade da planta deveu-se à senescência das folhas e à diminuição das actividades metabólicas (Nicknejad *et al*, 2009).

Tabela 4.8 Taxa de crescimento relativo em vários estágios de crescimento de genótipos de arroz.

Relative Growth Rate (RGR) (g/g/day)				
Sr. No.	Genotypes	0-30 DAS	30-60 DAS	60-90 DAS
1	PBNR 14-07	0.092	0.03	0.009
2	PBNR 14-11	0.089	0.03	0.011
3	PBNR 14-15	0.085	0.028	0.011
4	PBNR-14-17	0.085	0.021	0.019
5	PBNR 14-18	0.084	0.026	0.013
6	PBNR 14-21	0.087	0.027	0.012
7	PBNR 15-02	0.085	0.027	0.012
8	PBNR 15-05	0.086	0.027	0.010
9	PBNR 15-10	0.081	0.027	0.015
10	PBNR 15-12	0.084	0.032	0.010
11	AVISHKAR (check)	0.087	0.032	0.011
12	PBNR 03-2 (check)	0.087	0.030	0.012
	C.D.	0.009	0.003	0.002
	SE(m)	0.003	0.001	0.001

4.1.11. Taxa de Assimilação Líquida (TAL) (g cm^2 dia)$^{-1}$

A taxa de assimilação líquida (TAL) calculada aos 0-30, 30-60 e 60-90 DAS para todos os genótipos de arroz mostrou uma variação significativa ao longo do período de crescimento. A taxa de assimilação líquida (TAL) máxima foi registada no genótipo PBNR 14-21 (0,063 g cm^2 dia^{-1}), seguido do PBNR 14-15 (0,057 g cm^2 dia^{-1}) e do PBNR 15-02 (0,057 g cm^2 dia^{-1}), enquanto que a TAL mínima foi registada no genótipo PBNR 15-12 (0,05 g cm^2 dia^{-1}). (Tabela 4.9 e Fig. 4.9)

A taxa de assimilação líquida (NAR) diminuiu com a idade da cultura, uma diminuição semelhante da NAR com a idade da cultura foi também registada por Sestak (1971), Chandrashekar *et al.,* (2001) e *Nicknejadet al.,* (2009). (2009) também registaram uma variação significativa do NAR entre os genótipos de arroz aromático.

Farrel *et al.,* (2003) também indicaram que o rendimento de grãos tinha correlação positiva com LAI, CGR e NAR.

Tabela 4.9 Taxa de Assimilação Líquida de vários estágios de crescimento em genótipos de arroz.

Net Assimilation Rate (NAR) (g m^{-2} day^{-1})			
Sr. No.	**Genotypes**	**0-30 DAS**	**30-60DAS**	**60-90 DAS**
1	PBNR 14-07	0.056	0.021	0.012
2	PBNR 14-11	0.056	0.021	0.014
3	PBNR 14-15	0.057	0.009	0.024
4	PBNR-14-17	0.055	0.009	0.025
5	PBNR 14-18	0.055	0.018	0.014
6	PBNR 14-21	0.063	0.022	0.015
7	PBNR 15-02	0.057	0.007	0.025
8	PBNR 15-05	0.054	0.019	0.011
9	PBNR 15-10	0.056	0.019	0.019
10	PBNR 15-12	0.050	0.022	0.011
11	AVISHKAR (check)	0.054	0.022	0.012
12	PBNR 03-2 (check)	0.054	0.021	0.014
	C.D.	0.005	0.003	0.002
	SE(m)	0.002	0.001	0.001

4.2. Atributos de rendimento

4.2.1. Número de panículas por planta

Número de panículas por planta registado na colheita. Foi observada uma variação significativa no número de panículas por planta entre todos os genótipos de arroz. O número máximo de panículas por planta foi registado no genótipo PBNR 14-07 (8,13 por planta) seguido do PBNR 14-11 (7,20 por planta), enquanto que o número mínimo de panículas por planta foi registado no PBNR 15-10 (5,33 por planta). (Tabela 4.10 e Fig. 4.10)

Yoshida *et al*, (1972) estudaram o aspeto fisiológico do alto rendimento do arroz e relataram que o número de panículas por unidade de área é o componente mais importante do rendimento do arroz. É responsável por 89% da variação no rendimento de grãos.

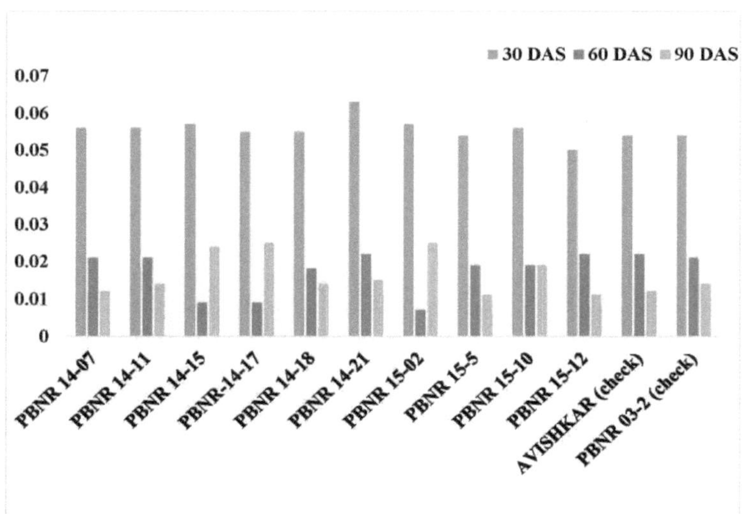

Fig.4.9 Taxa de Assimilação Líquida em vários estágios de crescimento de genótipos de arroz.

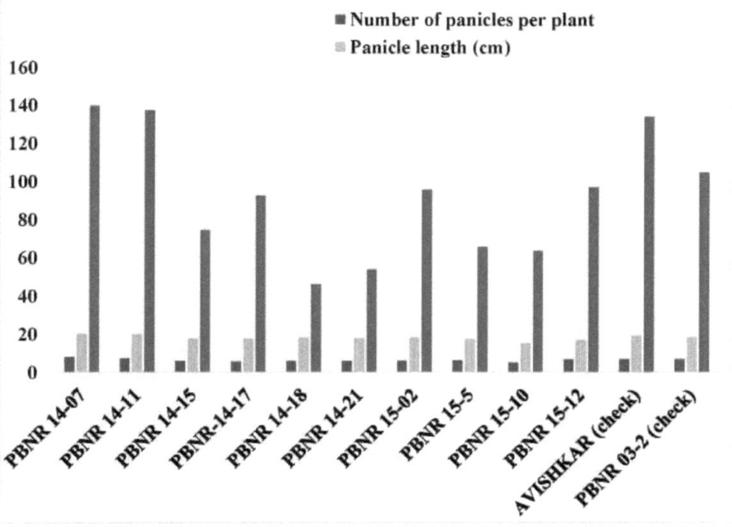

Fig. 4.10. Observação dos atributos de rendimento dos genótipos de arroz.

Tabela 4.10. Observação dos atributos de rendimento dos genótipos de arroz.

Sr. No.	Genotypes	Number of panicles per plant	Panicle length (cm)	Number of spikelets per panicle
1	PBNR 14-07	8.13	20.4	139.8
2	PBNR 14-11	7.20	20.0	137.3
3	PBNR 14-15	5.86	17.6	74.5
4	PBNR-14-17	5.60	17.8	92.5
5	PBNR 14-18	5.80	18.2	46.1
6	PBNR 14-21	5.80	18.0	54.0
7	PBNR 15-02	6.20	18.2	96.0
8	PBNR 15-05	6.40	17.6	65.6
9	PBNR 15-10	5.33	15.6	63.6
10	PBNR 15-12	6.86	17.0	97.2
11	AVISHKAR (check)	7.06	19.3	134.2
12	PBNR 03-2 (check)	7.03	18.7	105.1
	C.D.	1.406	N/A	16.796
	SE(m)	0.476	1.125	5.69

4.2.2. Comprimento da panícula

Não houve variação significativa para o comprimento da panícula entre os genótipos de arroz. O comprimento máximo da panícula foi registado no genótipo PBNR 14-07 (20,4cm) seguido do PBNR 14-11 (20cm) e o comprimento mínimo da panícula foi registado no genótipo PBNR 15-10 (15,6cm). (Tabela 4.10 e Fig. 4.10)

Foram observadas tendências mais ou menos acentuadas nos resultados comunicados por Singh e Singh (2000), Sharma (2002) e Ashrafuzzaman *et al,* (2009).

4.2.3. Número de espiguetas por panícula

Houve uma variação significativa entre os genótipos quanto ao número de espiguetas por panícula, variando de 46,1 a 139,8 por panícula. O número máximo de espiguetas por panícula foi encontrado no genótipo PBNR 14-07 (139,8) seguido pelo PBNR 14-11 (137,3), enquanto o número mínimo de espiguetas foi encontrado no genótipo PBNR 14-18 (46,1). (Tabela 4.10 e Fig. 4.10)

Chandrashekar *et al*, (2001) e Tahir *et al*, (2002) registaram uma variação altamente significativa para os grãos por panícula em diferentes genótipos

4.2.4. Número de grãos cheios por panícula

Houve variação significativa entre os genótipos para o número de grãos cheios por panícula, variando de 47,1 a 134,4 por panícula. O número máximo de grãos cheios por panícula foi encontrado no genótipo PBNR 14-07 (134,4) seguido pelo PBNR 14-11 (131,8), enquanto o número mínimo de espiguetas foi encontrado no genótipo PBNR 14-18 (47,1). (Tabela 4.11 e Fig. 4.11)

Prasad *et al*, (2009) estudaram o efeito da variedade em condições de sementeira direta e referiram que a variedade samba mahasuri registou um rendimento significativamente superior. Observaram também que a mesma variedade registava um maior número de grãos cheios por panícula (104,8), o que corresponde mais ou menos aos resultados da experiência anterior.

4.2.5. Número de grãos não cheios por panícula

Houve uma variação significativa entre os genótipos para o número de grãos não preenchidos por panícula, variando de 5,33 a 12,13 por panícula. O número máximo de grãos não cheios por panícula foi encontrado no genótipo PBNR 15-10 (12,13) seguido pelo PBNR 14-15 (10,13), enquanto o número mínimo de grãos não cheios foi encontrado no genótipo PBNR 14-07 (5,33). (Tabela 4.11 e Fig. 4.11)

Toshimenla (2013) estudou setenta e quatro acessos de arroz de terras altas para avaliação de 13 caracteres quantitativos e relatou que foram registadas variações fenotípicas e genotípicas máximas para o número de grãos cheios, número de grãos não cheios e comprimento da panícula.

4.2.8. Peso do grão 1000 / Peso de ensaio (g)

Os dados sobre o peso de 1000 grãos variaram significativamente entre os genótipos de arroz. O peso mais elevado de 1000 grãos foi registado no genótipo PBNR 14-07 (23 g) seguido do PBNR 14-11 (22,9 g) e o peso mínimo de grãos foi registado no genótipo PBNR 14-18 (17,3 g). (Tabela 4.11 e Fig. 4.11).

Variações mais ou menos significativas entre os genótipos de basmati foram registadas por Sidhu *et al*, (1992).

Quadro 4.11 Observação dos atributos de rendimento dos genótipos de arroz.

Sr. No.	Genotypes	Number of filled grains per panicle	Number of unfilled grains per panicle	1000 grain weight (g)
1	PBNR 14-07	134.4	5.3	23.03
2	PBNR 14-11	131.8	5.8	22.9
3	PBNR 14-15	85.2	10.1	22.2
4	PBNR-14-17	58.4	7.3	17.8
5	PBNR 14-18	47.1	5.6	17.3
6	PBNR 14-21	87.7	6.8	22.09
7	PBNR 15-02	64.7	8.2	19.4
8	PBNR 15-05	58.4	7.2	21.2
9	PBNR 15-10	51.5	12.1	21.3
10	PBNR 15-12	90.4	6.8	20.6
11	AVISHKAR (check)	128	6.2	22.5
12	PBNR 03-2 (check)	98.4	6.7	22.2
	C.D.	10.51	1.02	3.67
	SE(m)	3.562	0.349	1.244

4.2.7. Rendimento de grãos por planta (g)

O rendimento de grãos por planta variou significativamente entre os genótipos. O rendimento máximo de grãos foi registado no genótipo PBNR 14-07 (16,3 g) seguido do PBNR 14-11 (14,9 g) e o rendimento mínimo de grãos por planta foi registado no PBNR 14-18 (3,23 g). (Tabela 4.12 e Fig. 4.12)

Yadav e Tripathi (2008) registaram variações mais ou menos significativas entre o peso dos grãos por planta dos genótipos.

4.2.9. Rendimento de grãos por parcela (kg)

Os dados sobre o rendimento de grãos por parcela para todos os genótipos variaram significativamente. O maior rendimento de grãos por parcela foi registado no PBNR14-07 (5,2 kg) seguido do PBNR 14-11 (4,4 kg) e o menor rendimento de grãos por planta foi registado no PBNR 14-15 (3,1 kg). (Tabela 4.12 e Fig. 4.12)

A variação no rendimento de grãos de genótipos de arroz aromático devido a caracteres de rendimento como número de perfilhos efectivos, número de panículas por colina, espiguetas por panícula e peso de teste também foi relatada por Biswas *et al,* (1998), Kusutani *et al,* (2000), Dutta *et al,* (2002) e Ashrafuzzaman *et al.* (2009).

4.2.9 Rendimento de grãos por hectare (q)

O rendimento de grãos por hectare variou significativamente entre todos os genótipos experimentais de arroz. O rendimento máximo de grãos por hectare foi registado no PBNR 14-07 (37,25 q), seguido do PBNR 14-11 (31,52 q), enquanto o rendimento mínimo de grãos por hectare foi registado no PBNR 14-15 (22,8 q). (Tabela 4.12 e Fig. 4.12).

Biswas *et al,* (1998) também relataram a variação semelhante no rendimento de grãos de genótipos de arroz aromático devido a caracteres de rendimento como número de perfilhos efectivos, número de panículas por colina, espiguetas por panícula e peso de teste. Este facto é também apoiado por Kusutani *et al.* (2000) e Dutta *et al.* (2002).

4.2.10. Índice de colheita (%)

Os dados sobre o índice de colheita revelaram que houve uma diferença significativa entre os genótipos. O índice de colheita mais elevado foi registado no genótipo PBNR 14-07 (43,4 %) seguido do PBNR 14-11 (42,6%) e o índice de colheita mais baixo foi registado no genótipo PBNR 14-15 (35,6%). (Tabela 4.12 e Fig. 4.12)

O índice de colheita mais elevado pode ser atribuído a uma maior percentagem de enchimento de grãos e a um maior peso de grãos por colina, em comparação com outros genótipos. Resultados semelhantes foram também registados por Miah *et al,* (1996), Kusutani *et al,* (2000) e Chandrasekhar *et al,* (2001).

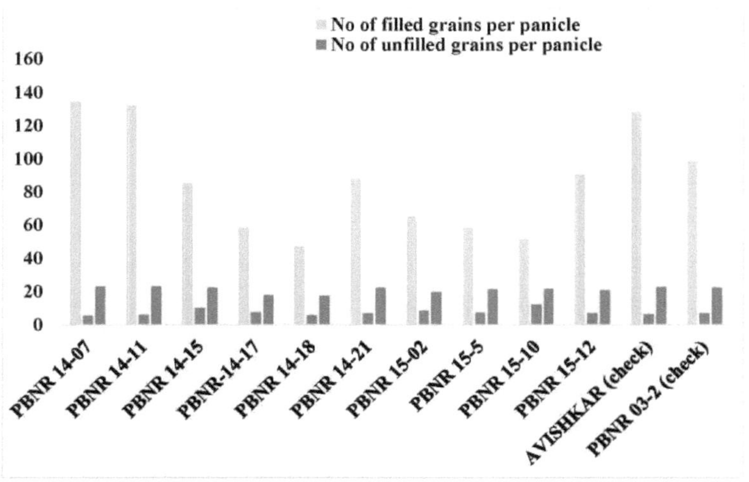

Fig. 4.11 Observação dos atributos de rendimento dos genótipos de arroz.

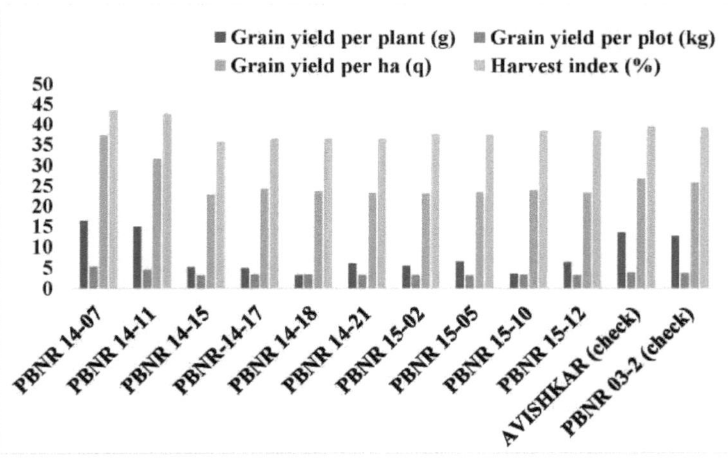

Fig. 4.12 Observação dos atributos de rendimento dos genótipos de arroz.

72

Quadro 4.12 Observação dos atributos de rendimento dos genótipos de arroz.

Sr. No.	Genotypes	Grain yield per plant (g)	Grain yield per plot (kg)	Grain yield per ha (q)	Harvest index (%)
1	PBNR 14-07	16.3	5.2	37.25	43.4
2	PBNR 14-11	14.9	4.4	31.52	42.6
3	PBNR 14-15	5.05	3.1	22.80	35.6
4	PBNR-14-17	4.8	3.3	24.17	36.4
5	PBNR 14-18	3.2	3.3	23.63	36.3
6	PBNR 14-21	6.01	3.2	23.18	36.4
7	PBNR 15-02	5.5	3.2	23.07	37.6
8	PBNR 15-05	6.5	3.2	23.51	37.4
9	PBNR 15-10	3.5	3.3	23.89	38.3
10	PBNR 15-12	6.3	3.2	23.32	38.3
11	AVISHKAR (check)	13.4	3.7	26.67	39.4
12	PBNR 03-2 (check)	12.6	3.6	25.73	39.3
	C.D.	1.43	0.47	3.39	4.19
	SE(m)	0.48	0.16	1.14	1.42

4.3. Caraterísticas bioquímicas

4.3.1. Teor de clorofila / SPAD

O valor da clorofila (valor SPAD) variou significativamente entre os genótipos de arroz em condições de terras altas. Varia de 22,1 a 38,3 nos genótipos experimentais de arroz. Entre os genótipos de arroz, o PBNR 14-07 (38,3) apresentou o valor mais elevado, seguido do PBNR 14-11 (36,7), enquanto o valor mais baixo foi apresentado pelo PBNR 14-18 (22,6). (Tabela 4.13 e Fig. 4.13)

Mian *et al,* (2009) encontraram diferenças significativas entre os genótipos para os valores SPAD.

4.3.2. Teor de proteínas (%)

O teor de proteínas dos genótipos experimentais variou significativamente em condições de montanha. Varia de 7,3 a 11,2 nos genótipos experimentais. Entre os genótipos, o PBNR 14-07 (11,2) apresentou o valor mais alto, seguido pelo PBNR 14-11 (11,2), enquanto o valor mais baixo foi exibido pelo PBNR 15-02 (7,3). (Tabela 4.13 e Fig. 4.13)

Resultados semelhantes foram obtidos por Dalal *et al.* (2003), que estudaram seis variedades de arroz, nomeadamente Gobind, Haryana, Basmati 1, IR-64, Jaya e PR-106, relativamente ao seu teor de proteínas brutas, que variou entre 7,2 e 9,1 por cento.

4.3.3. Teor de hidratos de carbono (%)

Verificou-se uma variação não significativa no teor de hidratos de carbono dos genótipos experimentais de arroz aquando da colheita. O teor de hidratos de carbono varia entre 71,1 e 76,0 (%) nos genótipos de arroz de terras altas. Entre os genótipos, o PBNR 14-07 (76,0) apresentou o valor mais alto, seguido pelo PBNR 14-11 (74,5), enquanto o valor mais baixo foi exibido pelo PBNR 15-10 (71,1). (Tabela 4.13 e Fig 4.13)

Quadro 4.13 Caraterísticas bioquímicas dos genótipos de arroz.

Sr. No.	Genotypes	Chlorophyll content or SPAD value	Protein content (%)	Carbohydrate content (%)
1	PBNR 14-07	38.3	11.2	76.0
2	PBNR 14-11	36.7	11.2	74.5
3	PBNR 14-15	25.2	8.93	73.5
4	PBNR-14-17	25.6	8.8	73.3
5	PBNR 14-18	22.1	7.6	74.0
6	PBNR 14-21	27.0	8.8	74.1
7	PBNR 15-02	27	7.3	73.6
8	PBNR 15-05	30.7	7.3	73.5
9	PBNR 15-10	26.7	8.1	71.1
10	PBNR 15-12	31.4	7.3	73.5
11	AVISHKAR (check)	36.6	9.3	74.4
12	PBNR 03-2 (check)	35.2	9.2	74.3
	C.D.	6.16	1.664	N/A
	SE(m)	2.08	0.564	2.664

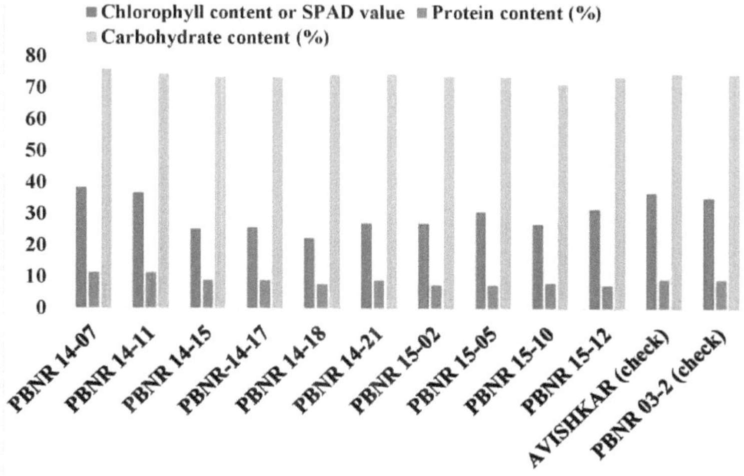

Fig. 4.13 Caraterísticas bioquímicas de genótipos de arroz.

4.4 Análise de correlação

O coeficiente de correlação é uma medida estatística utilizada para conhecer o grau e a direção da relação entre duas ou mais variáveis. A correlação foi estudada para determinar a inter-relação de diferentes parâmetros morfofisiológicos com o rendimento de grãos por parcela em genótipos de arroz. O grau de associação também afecta a eficácia do processo de seleção. Assim, a correlação indica o grau de relação existente entre vários caracteres atributivos.

4.4.1 Associação do rendimento de grãos com parâmetros morfo-fisiológicos em arroz de terras altas

Os resultados da análise de correlação em condições de montanha são apresentados no quadro. (4.14). Os estudos de correlação indicaram uma correlação positiva altamente significativa do rendimento de grãos com a altura da planta (0,5521**) e o número de perfilhos (0,7214**). Resultados semelhantes dados por Sadeghi *et al,* (2011) revelaram que o rendimento de grãos foi positivamente e significativamente correlacionado com a altura da planta e o número de perfilhos. Este facto foi apoiado por Singh *et al.,* (2002).

A altura da planta apresentou uma correlação positiva altamente significativa com o número de perfilhos (0,6268**), área foliar (0,5416**).

O número de folhas apresentou uma correlação positiva altamente significativa com a área foliar (0,7233**), o índice de área foliar (0,9071**) e a taxa de crescimento da cultura (0,6648**).

Os dias até 50% de floração apresentaram uma correlação positiva altamente significativa com os dias até à maturidade (0,5342**). Rao e Shrivastav (1999) apresentaram resultados de uma análise de correlação que associavam positivamente os dias até à floração com os dias até à maturação.

A área foliar apresentou uma correlação positiva altamente significativa com o índice de área foliar (0,8829**), o peso seco da planta (0,5236**) e a taxa de crescimento da cultura (0,6715**).

O índice de área foliar apresentou uma correlação positiva altamente significativa com a taxa de crescimento da cultura (0,7747**).

A taxa de crescimento relativo apresentou uma correlação positiva altamente significativa com a taxa de assimilação líquida (0,960**).

Tabela 4.14 Análise de correlação dos parâmetros morfo-fisiológicos com o rendimento de grãos.

	PH	NoT	NoL	50%F	DtoM	LA	LAI	PDW	CGR	RGR	NAR	G YIELD
PH	1	0.6268**	0.1684	-0.4723	-0.3536	0.5416**	0.4226	0.1506	0.3061	0.0155	-0.0424	0.5521**
NOT		1	0.0969	-0.0527	-0.3594	0.4602	0.3953	0.1977	0.3385	0.0262	0.0444	0.7214**
NOL			1	-0.2347	0.038	0.7233**	0.9071**	0.4715	0.6648**	-0.6027	-0.7116	0.1079
50%F				1	0.5342**	-0.3787	-0.2866	-0.1088	-0.0333	0.1101	0.1578	-0.0038
DTM					1	-0.2458	-0.09018	-0.00402	-0.0116	-0.0752	-0.0407	-0.1299
LA						1	0.8829**	0.5236**	0.6715**	-0.5033	-0.5622	0.3829
LAI							1	0.49	0.7747**	-0.5113	-0.5959	0.3686
PDW								1	0.1665	-0.9324	-0.8523	0.2837
CGR									1	-0.1493	-0.20946	0.2976
RGR										1	0.9603**	-0.0594
NAR											1	-0.0727
GRAIN YIELD												1

Note: Significance at the 5% and 1% levels are indicated by *, ** respectively.

Onde,

PH - Altura da planta

NOT - Número de perfilhos

NOL - Número de folhas

50% F - Dias até 50% de floração

DTM - Dias até ao vencimento

LA - área foliar

LAI - Índice de área foliar

PDW - Peso seco da planta

CGR - Taxa de crescimento das culturas

RGR - Taxa de crescimento relativo

NAR - Taxa de assimilação líquida

CAPÍTULO 5: RESUMO E CONCLUSÃO

O experimento de campo intitulado estudos sobre "Análise fisiológica de genótipos de arroz promissores para rendimento e caraterísticas que contribuem para o rendimento" de genótipos de arroz foi conduzido durante o *Kharif,* 2021 na fazenda de pesquisa do Upland Paddy Research Scheme (UPRS), Vasantrao Naik Marathwada Krishi Vidyapeeth (VNMKV), Parbhani, Maharashtra. A experiência foi organizada em blocos aleatórios com 12 genótipos de arroz e repetida três vezes. No presente estudo, procurou-se avaliar a variação das caraterísticas fisiológicas, do rendimento e dos seus atributos e estudar a correlação entre o rendimento dos grãos e os parâmetros morfo-fisiológicos da cultura do arroz na região de Marathwada, no Maharastra.

Os principais resultados da experiência são resumidos a seguir

Os genótipos de arroz apresentaram variações significativas para altura da planta, número de perfilhos por planta, número de folhas por planta, dias para 50% de floração, dias para maturação. A altura máxima da planta foi registada no genótipo PBNR 14-07, seguida do PBNR 14-11 e a altura mínima da planta foi registada no genótipo PBNR 15-10. O número máximo de perfilhos por planta foi produzido pelo genótipo PBNR 14-07, seguido pelo PBNR 14-11 e o mínimo pelo genótipo PBNR 14-17. Em todos os genótipos, o número de folhas aumentou até 30 a 60 DAS, após o que diminuiu e o número máximo de folhas foi registado no PBNR 14-07 seguido do PBNR 14-11 durante 60 DAS e o número mínimo de folhas foi encontrado no PBNR 14-17 durante 60 DAS. Entre os genótipos de arroz estudados, registou-se um maior número de dias até 50% de floração e dias até à maturação nos genótipos PBNR 15-10 e PBNR 14-15 e menos dias no PBNR 15-05.

Verificou-se um aumento significativo do peso seco das plantas em todas as fases até à maturidade entre os genótipos de arroz. O maior peso seco da planta foi registado no genótipo PBNR 14-07 seguido do PBNR 14-11, enquanto o mínimo foi registado no genótipo PBNR 15-10.

Os índices fisiológicos LA, LAI, CGR, RGR e NAR variaram significativamente entre os genótipos de arroz. O genótipo PBNR 14-07 obteve o máximo de LA, LAI, CGR, RGR e NAR.

A área foliar, LAI, CGR, aumentaram gradualmente até 30 a 60 DAS e depois diminuíram durante 90 DAS. A RGR e o NAR diminuíram com a idade da cultura. Os genótipos PBNR 14-07 e PBNR 14-11 registaram o máximo de LA, LAI e RGR, enquanto o mais baixo foi registado pelo genótipo PBNR 15-10. Aos 60 DAS foi registada uma CGR máxima no PBNR 14-07, seguida do PBNR 14-11 e uma CGR mínima no PBNR 1417. O NAR máximo foi registado pelo genótipo PBNR 14-21 seguido do PBNR 1415 e o NAR mínimo foi registado pelo PBNR 14-15 aos 30 DAS.

O rendimento de grãos e os atributos de rendimento variaram significativamente entre os genótipos de arroz, exceto o comprimento da panícula. O maior número de panículas, comprimento da panícula, número de espiguetas, número de grãos cheios por panícula, peso de 1000 grãos, rendimento de grãos por planta, rendimento de grãos por parcela, rendimento de grãos por hectare e índice de colheita foram registados no genótipo PBNR 14-07 seguido do PBNR 14-11, enquanto que o número mínimo de panículas, comprimento da panícula foi registado no genótipo PBNR 15-10 e o número mínimo de espiguetas, número de grãos cheios por panícula, peso de 1000 grãos e rendimento de grãos por planta foram registados no genótipo PBNR 14-18. O número mínimo de grãos por parcela, o rendimento de grãos por hectare e o índice de colheita foram registados no genótipo PBNR 1415. O número máximo de grãos não cheios foi registado no genótipo PBNR 15-10 seguido do PBNR 14-11 e o número mínimo de grãos não cheios foi observado no PBNR 14-07.

Os valores SPAD diferiram significativamente entre os genótipos de arroz. Os valores máximos de SPAD foram registados no genótipo PBNR 14-07, seguido do PBNR 14-11 e o mínimo foi registado no genótipo PBNR 14-18.

O teor mais elevado de proteínas foi registado nos grãos do genótipo PBNR 14-07, seguido do PBNR 14-11 e o mínimo no genótipo PBNR 15-02. O conteúdo proteico dos genótipos experimentais variou significativamente.

O teor de hidratos de carbono foi mais elevado no PBNR 14-07, seguido do PBNR 14-11 e o mais baixo foi registado no genótipo PBNR 15-10. Não se registou uma variação significativa no teor de hidratos de carbono dos genótipos experimentais de arroz.

A análise de correlação dos parâmetros morfofisiológicos com o rendimento de grãos de todos os doze genótipos experimentais de arroz revelou que a altura da planta e o número de perfilhos apresentaram correlação altamente significativa e positiva com o rendimento de grãos.

Conclusão

➢ Com base nos resultados acima referidos, conclui-se que os genótipos PBNR 14-07 e PBNR 14-11 tiveram o melhor desempenho morfo-fisiológico. O genótipo PBNR 15-10 teve um desempenho mais fraco na maioria dos parâmetros.

➢ Do estudo conclui-se que os rendimentos mais elevados estavam associados à altura da planta, ao número de perfilhos, ao número de panículas por planta, ao número de espiguetas por panícula, ao número de grãos cheios por panícula, ao elevado número de grãos por planta, ao peso de teste e ao índice de colheita.

➢ No entanto, o rendimento de grãos foi positiva e significativamente associado à altura da planta e ao número de perfilhos.

➢ Os genótipos PBNR 14-07 e PBNR 14-11 podem ser utilizados em novos programas de melhoramento.

Abade H., Bokosi J. M., Mwangwela A. M., Mzengeza T. R, e Abdala A. J., 2016. Caracterização e avaliação de vinte genótipos de arroz *(Oryza sativa* L.) em ecossistemas irrigados no Malawi e em Moçambique. *African Journal OfAgricultural Research,* 11(**17**): 1559-1568.

Adeyemi, R.A. 2011. Relação entre caracteres biométricos e variações morfológicas em algumas variedades de arroz de terras altas. *African J. Of Food, Agriculture, Nutrition and Development,* 11(**2**): 110-112.

Ahmad, S., Hussain, A., Ali, H e Ahmad, A. 2005. Produtividade do arroz fino transplantado *(Oryza sativa* L.) afetada pela densidade das plantas e pelos regimes de irrigação. *Int. J. Agric. Biol.* 7:445-447.

Akbari, G. A., Salehi, Zarkhooni, R., Yusefi, Rad, M., Nasirirad, M., Mottaghi, S. e Lotfifar, O., 2008. Avaliação de algumas caraterísticas morfológicas eficazes no rendimento e nos componentes do rendimento de diferentes genótipos de arroz. *Research Agricultural Science,* 3(**2**): 130-137.

Alexander, R. S. e Martin, G. J., 1995. Estudo comparativo sobre os métodos de estabelecimento do arroz - ADT36. *Madras Agricultural J,* 82(**1**): 71-72.

Alfredo, B e Edwin, Jr. 2006. Desempenho produtivo de variedades híbridas de arroz em ecossistema de terras baixas. *Doutoramento 9.*

Ali, A. M., Thinda, H. S., Sharmaa, S. e Varinderpal, S., 2014. Previsão da produção de arroz seco com sementeira direta utilizando um medidor de clorofila, uma carta de cores das folhas e um sensor ótico GreenSeeker no Noroeste da Índia. *Field Crops Res.,* 161:11-15.

Al-Salim, S.H.F., Al-Edelbi, R., Aljbory, F. e Saleh, M.M., 2016. Avaliação do desempenho de algumas variedades de arroz *(Oryza sativa* L.) em dois ambientes diferentes. *Revista da Biblioteca de Acesso Aberto*, 3: e2294.

Anónimo (2021), Relatório anual, (2020-21). Ministério da Agricultura, Governo da Índia.

Arumugam, M., Rajanna, M.P., Rao, M.R.G. e Kulkarni, R.S., 2008. Análise de correlação e coeficiente de caminho para o rendimento de grãos e caracteres de atribuição de rendimento em diferentes ambientes no arroz. *Mysore Journal of Agricultural Sciences* 42(**3**): 444-449.

Ashrafuzzaman, M., Islam, M.R., Ismail, M.R., Shahidullah, S.M e Hanafi, M.M. 2009. Avaliação de seis variedades de arroz aromático quanto ao rendimento e aos caracteres que contribuem para o rendimento *Int. J. Agric. Biol.* 11: 616-620.

Avil, K. K., Sreedhar, C. K. M. D., Murthy, E., Rama,K.G., Bajay, S., Yadvinder, S. J.K., Ladha, K.F., Bronson, V. B., Jagdeep, S. e Khind, C. S., 2006. Gestão do azoto baseada no medidor de clorofila e na carta de cores das folhas para o arroz e o trigo no Noroeste da Índia. *Agron. J.,* 94(**4**): 821-824.

Aye Aye Thwe e Oscar Zamora, B. 2009. Resposta morfológica e agronómica de variedades híbridas, de alto rendimento e tradicionais de arroz *(Oryza sativa* L.) à idade das plântulas e ao espaçamento. *Philippine Journal of Crop Science.* 34 (**1**): 38-52.

Azarpour, E., Tarighi, F., Moradi, M. e Bozorgi, H. R., 2011. Avaliação do efeito de diferentes taxas de fertilizantes azotados sob gestão de irrigação na cultura do arroz. *World Applied Science J,* 13(**5**): 1248-1252.

Babu, V.R., Shreya, K., Dangi, K.S., Usharani, G. e Nagesh, P. 2012. Estudos de variabilidade genética para caraterísticas qualitativas e quantitativas em híbridos populares de arroz *(Oryza sativa* L.) da Índia. *International J. Sci. and Res. Pub.,* 2 (**4**): 1-4.

Babu, V.R., Shreya, K., Dangi, K.S., Usharani, G. e Nagesh, P. 2012. Estudos de variabilidade genética para caraterísticas qualitativas e quantitativas em híbridos populares de arroz *(Oryza sativa* L.) da *Índia. International J. Sci. and Res. Pub.,* 2 (**4**): 1-4.

Baloch, M.S., Awan, I.U. e Hassan, G., 2006. Crescimento e rendimento do arroz afectados pelas datas de transplante e pelas plântulas por colina sob altas temperaturas em Dera Ismail Khan, Paquistão. *Journal of Zhejiang University Science* B, 7(**7**), pp.572-579.

Banerjee, S., Chandel, G., Mandai, N., Meena, B. M. e Saluja, T. 2011. Avaliação do valor nutritivo em grãos de arroz moídos de algumas variedades indianas e sua caraterização molecular. *Bangladesh J. Agric. Res.,* 36 (**3**): 369-380.

Baruha, K.K., Rajkhowa, S.C. e Dash, K., 2006. Análise fisiológica do crescimento, desenvolvimento da produção e qualidade dos grãos de algumas cultivares de arroz de águas profundas. *J. Agronomy and Crop Sci.,* 192(**3**): 228-232.

Basha, S.J., Basavarajappa, R. e Babalad, H.B., 2017. Desempenho da cultura e eficiência do uso da água em arroz aeróbico *(Oryza sativa* L.) em relação ao cronograma de irrigação, geometria de plantio e método de plantio na zona de transição norte de Karnataka, Índia. *Paddy and Water Environment,* 15(**2**), pp.291-298.

Benesty, J., Chen, J., Huang, Y., & Cohen, I. (2009). Coeficiente de correlação de Pearson. Em *Noise reduction in speech processing* (pp. 37-40).

Biswas, J.K., Hossain, M.A., Sarker, B.C., Hassan, M e Haque, M.Z. 1998. Yield performance of several rice varieties seeded directly as late aman crops. *Bangladesh J. Life Sci.* 10: 47-52.

Burondkar, M.M., Chavan, S.A., Jadav, B.B e Birari, S.P. 1990. Diferença fisiológica no rendimento de variedades precoces de arroz. *J. Maharashtra Agric. Univ.* 13(**3**): 343-344.

Castaneda, A. R., Bouman, B. A. M., Peng, S. e Visperas, R. M., 2005. Atenuando a escassez de água através de um sistema aeróbico de produção de arroz. In: *Fourth Intl. Crop Sci. Congress.*

Chakraborty, S. (2010). Variabilidade genética e correlação de alguns traços morfométricos com o rendimento de grãos em arroz de grãos arrojados *(Oryza sativa* L.) gene... *Jornal* Americano-Eurásico *de Agricultura Sustentável,* 4(**1**), 26-29.

Chandra, K e Das, A.K., 2000. Correlação e intercorrelação de parâmetros fisiológicos no arroz *(Oryza sativa* L.) em condições de transplantado de sequeiro. *Crop Res. Hissar* 19(**2**): 251-254.

Chandrasekaran, R., 1996. Efeito da geometria da cultura, níveis de irrigação e gestão do stress hídrico no sistema de cultivo arroz-arroz em diferentes ambientes climáticos. *Tese de doutoramento,* AC & RI, Madurai, Tamil Nadu Agric. Univ., Tamil Nadu, Índia.

Chandrasekhar, J., RAMA RAO, G., Ravindranatha Reddy, B e reddy, K.B. 2001. Análise fisiológica do crescimento e da produtividade do arroz híbrido. *Indian J. Plant physiol, vol. 6(2):* 142-146.

Cheema, A.A., Ali, Y. Awan, M.A e Tahir, G.R. 1998. Análise de caminho de componentes de rendimento de alguns mutantes de arroz Basmati. *Trop. Agric. Res. and Ext.* 1: 34-38.

Dalal, S., Dhillon, S., Chugh, L.K. e Singh R. 2003. Protein content and protein pattern of some rice varieties on Sds Polyacrylamide Gels. *International Journal of Tropical Agriculture,* 21 (**4**): 79-83.

Donald, C. M. 1962. In search of yield. *J. Australian Inst. Agril. Sci.* 28: 171-178.

Dun, E.A., Ferguson, B.J e Beveridge, C.A. 2006. Dominância apical e ramificação de rebentos. Opiniões divergentes ou mecanismos divergentes. *Plant Physiol.* 142: 812- 819.

Dutta, P., Duta P.N. e Borua, P.K. 2013. Traços morfológicos como índices de seleção em arroz: uma visão estatística. *Univ. J. Agric. Res.* 1 (**3**): 85-96.

Dutta, R.K., Mia, M.A.B e Khanam, S. 2002. Arquitetura da planta e caraterísticas de crescimento do arroz de grão fino e aromático e sua relação com o rendimento do grão. *Investigação e Tecnologia Aplicada.*

Enamul kabir, M., Harun Ar Rashid, M e Sarvar Jahan, M. 2004. Desempenho do rendimento de três arroz fino aromático em terras baixas costeiras. *Paquistão J. of Biological Science.* 7 (**9**): 23-24.

Erfani, A e Nasiri, M. 2000. Estudo de índices morfológicos e fisiológicos em cultivares de arroz. *Instituto de Investigação do Arroz do Irão.* Pp: 24.

Fageria, N.K e Baligar, V.C. 2001. Resposta do arroz de terras baixas ao fertilizante azotado. *Soil Science Plant Annual.* 32(1): 1405-1429.

Farrel, T.C., Williams, R.L., Reinke, R.E e Lewin, L.G. 2003. Variação na eficiência do uso da radiação em arroz temperado. *Procedimentos da Agronomia Australiana.*

Fukai, S., Pantuwan, G., Jongdee, B. e Copper, M.,1991. Rastreio da resistência à seca em arroz de sequeiro de terras baixas. *Field Crop Res.,* 64: 1-2, 61-74.

Gallagher, J.N e Biscoe, P.V. 1978. Absorção de radiação, crescimento e rendimento de cereais. *J. Agric. Sci.,* 91: 47-60.

Geetha, S., 1993. Relação entre palha e rendimento de grãos no arroz. *Agricultural Science Digest Karnal* 13(**34**): 145-146.

Geethadevi, T., Gowda, A., Krishnappa, M. e Ravindrababu, B.T., 2000. Efeito do azoto e do espaçamento no crescimento e rendimento do arroz híbrido. *Current. Res.,*29 (**5&6**):73-75.

Gill, J. S. e Walia, S. S., 2013. Efeito dos métodos de estabelecimento e dos níveis de azoto no arroz basmati *(Oryza sativa). Indian J. Agron,* 58: 506-511.

Gill, M. S, Kumar, P. e Kumar, A., 2006a. Growth and yield of rice *(Oryza sativa)* cultivars under various methods and time of sowing. *Indian J. Agronomy,* 51: 123- 127.

Gill, M. S., 2008. Productivity of direct seeded rice under varying seed rates, weed control and irrigation levels. *Indian J. Agri. Sci.,* 78: 66-70

Gill, M. S., Kumar, P., e Kumar. A., 2006b. Growth and yield of direct seeded rice (*Oryza sativa*) as influenced by seeding technique and seed rate under irrigated conditions. *Indian J. Agron,* 51: 283-87.

Gong, J. L., Zhang, H. C., Hu, Y., Long, H., C. Y., Wang, Y., Xing, Z. P. e Huo, Z. Y., 2013. Efeitos da temperatura do ar durante o período de enchimento do grão de arroz na formação do rendimento do grão de arroz e na sua qualidade. *Chinese J. of Ecology,* 32(**2**): 482-491.

Guhey, A., Saxena, R. R., Verulkar, S. B. e Nag, G., 2010. Dissecação fisiológica de genótipos de arroz sob diferentes regimes de humidade. *Indian J. Crop Science* 5: 1-2.

HaungQiuMei, Zhang Xu, Huang NongRong, Liu Yan Zhuo, Qiu Run Heng e Liang

ZuYang. 1999. O crescimento e o desenvolvimento do arroz Indica Yuexiangzhan, de alto rendimento e de qualidade de grão fino. *Journal of Tropical and Subtropical Botany*. Supp. II: 70-78.

Hedge,J.E.,Hofreiter,B.T. & Whistler,R.L.(1962).Carbohydrate chemistry. *Academic Press, Nova Iorque, 17,* 371-80.

Heu, H. e Kim, Y., 1997. Análise das caraterísticas fisiológicas e ecológicas do arroz cultivado com sementeira direta em arrozal seco. *J. Japonês de Ciências Agrárias,* 66: 442- 48.

Horie, T. 2003. Aumento do potencial de rendimento do arroz irrigado: Breaking the yield barrier. *International Rice Research Institute Press*, Manila, Filipinas.

Hossain, K.P., Nasiri, H.P.M e Bahmanyar, M.A. 2007. Teor de clorofila e rendimento biológico de cultivares de arroz modernas e antigas em diferentes taxas e aplicações de fertilizante de ureia. *Asian J. of Plant Science.* 6(**1**): 177180.

Hossain, M.B., Islam, M.O e Hasanuzzaman, M. 2008. Influência de diferentes níveis de azoto no desempenho de quatro variedades de arroz aromático. *Int. J. Agric. Biol.* 10:693-696.

Hsiao, T.C., Fereres, E e Henderson, D.W., 1976. Stress hídrico e dinâmica do crescimento das plantas e rendimento das plantas cultivadas. Em problemas de água e plantas e abordagens modernas. *Springer-verlag, Berlim.* p. 281-305.

Iftikharuddaula, K.M., Hassan, M.S., Islam, M.J., Badshah, M.A., Islam, M.R e Akhtar, K. 2001. Avaliação genética e critérios de seleção de arroz híbrido no ecossistema irrigado do Bangladesh. *Pak. J. Biol. Sci.* 4: 790-792.

Ismaila, U., Kolo, M. G. M., Odofin, J. A. e Gana, A. S., 2014. Influência da profundidade da água e da taxa de plântulas no desempenho do arroz de planície tardio *(Oryza sativa* L.) numa Guiné Meridional. *Ecologia da savana da Nigéria J. of Rice Res.,* 2: 1-6.

Jamal, Ifftikhar, H., Khalil, Abdul Bari, Sajid Khan e Islam Zada. 2009. Variação genética para rendimento e componentes de rendimento em arroz. *ARPN Journal of Agricultural and Biological Science.* 4(**6**), ISSN 1990-6145.

Janardhan, K.V. e Murthy, K.S., 1977. Association of some leaf characters with photosynthesis (Associação de alguns caracteres foliares com a fotossíntese). *Current Sci.,* 46: 497-498.

Johri, R.P., S.P.Singh, K.N.Srivastava, H.O.Gupta e M.L.Lodha. 2000. Chemical and biological evaluation of nutritional quality of food grains: A laboratory manual. ICAR, New Delhi Publications.

Kariya, K.A., Matsuzaki e Machida, H. 1982. Distribuição do teor de clorofila na lâmina foliar de uma planta de arroz. *Jap. J. Crop Sc.* 51: 134-135.

Khan, I.M. e Bhagat, D. V., 2005. Influência do clima nos parâmetros de crescimento e rendimento de *Oryza.* 29:11-13.

Kikuta, M., Makihara,D., Arita,N., Miyazaki,A. e Yamamoto,Y., 2017. Respostas de crescimento e rendimento de NERICAs de terras altas à gestão variável da água em condições de campo. *Ciência da Produção Vegetal,* 20(**1**), pp.36-46.

Knife, H., Tsehaye, Y., Redda, A., Welegebriel, R., e Yalew, D., 2017. Rendimento e desempenho relacionado ao rendimento de genótipos de arroz de terras altas no distrito de Tselemti, norte da Etiópia. *J. Rice Res5:* 187.

Krishna Tandekar, Rastogi, N.K., Pushpa Tirkey e Sahu, L. 2008. Correlação e análise de caminho do rendimento e seu componente em acessos de germoplasma de arroz. *Arquivos de plantas.* 8: 887-889.

Kulmi, G.S. 1992. Análise do crescimento e da produtividade do arroz transplantado em relação aos métodos de monda. *Indian J. Agron.*37:312-316.

Kumar, A., 1992. Estudos de variabilidade e associação de caracteres em arroz de terras altas. 169: 223236.

Kumar, R., Malaiya, S. e Shrivastava, M.N. 2004. Evaluation of morpho Physiological traits associated with drought tolerance in rice. *Indian Journal of Plant Physiology,* 9(**3**):305-307.

Kumhar, B. L., Chavan, V. G., Rajemahadik, V. A., Kanade, V. M., Dhopavkar, R. V., Ameta, H. K. e Tilekar, R. N., 2016. Efeito de diferentes métodos de estabelecimento de arroz no crescimento, rendimento e diferentes variedades durante a estação kharif. *Intl. J. Pl. Animal andEnvironl. Sci.,* 6: 127-131.

Kusutani, A., Tovata, M., Asanuma, K e Cui, J. 2000. Estudos sobre as diferenças varietais do índice de colheita e das caraterísticas morfológicas do arroz. *Japanese J. Crop Sci.* 69: 359-364.

Lanceras, C. Jonalija, Pantuwan, G., Jongdee, B. e Toojinda, T., 2004. Quantitative Trait Loci. Associado à tolerância à seca na fase reprodutiva do arroz. *Plant Physiology,* 135: 384-399.

Mahadevi, F., Esmali, M.A., Pirdashti, H. e fallah, A., 2004. Estudo sobre os índices fisiológicos e morfológicos dos genótipos modernos e antigos de arroz (*Oryza sativa* L.). *Iran Rice Res. Institute,* Amol, Irão.

Miah, M.N.H., Yoshida, T e Yomamoto, Y. 1997. Efeito da aplicação de azoto durante o período de maturação na fotossíntese e na produção de matéria seca e seu impacto no rendimento e nos componentes do rendimento de variedades de arroz Indica semi-anão em condições de cultura aquática. *Soil Sci. and Plant Nut.* 43(**1**): 205-217.

Miah, M.N.H., Yoshida, T. Yamamoto, Y e Nitta, Y. 1996. Caraterísticas da produção de matéria seca e da repartição da matéria seca nas panículas em variedades de arroz híbrido semi-anão indica e japonica indica de alto rendimento. *Japanese J. Crop Sci.,* 65: 672-685.

MianSayeed Hassan, Abul Khair, M., Moynul Haque Abul Kalam Azad e Abdul Hamid. 2009. Genotypic variation in traditional rice varieties for chlorophyll content, spad value and nitrogen use efficiency. *Bangladesh J. Agril.* 34(**3**): 505-515.

Miller, B.C., Hill, J.E e Roberts, S.R. 1991. Efeitos da população de plantas no crescimento e na ligação do arroz semeado com água. *Agron.* J. 83: 291-297.

Mirza, M.J., Faiz, F.A e Mazid, A. 1992. Estudos de correlação e análise de caminho do rendimento da altura da planta e componentes de rendimento em arroz

(Oryza sativa L.). *Sarhad. J. Agric.* 8: 647-653.

Mondal, N.N., Islam, M.M., Hasan, M.S., Rahman, Q.A e Ali, M.m. 2010. Avaliação fisiológica e bioquímica de genótipos de arroz aromático de grão fino para maior rendimento. *Revista Internacional de Tecnologia Agrícola Sustentável.* 6(**1**): 12-18.

Munshi, R.U. 2005. Um estudo morfo-fisiológico comparativo entre duas cultivares de arroz locais e duas modernas. *Tese de Mestrado,* Departamento de Botânica de Culturas, Universidade de Agricultura do Bangladesh, Mymensingh.

Nicknejad, Y., Zarghami, R., Nasiri, M., Pirdashti, H., Tari, D.B e Fallah, H. 2009. Investigação dos índices fisiológicos de diferentes variedades de arroz em relação à limitação da fonte de água. *Asian J. of Pl. Sc.* 8(**5**): 385- 389.

Norbakhshian, J e Rezai, A. 1999. Estudo da correlação entre algumas caraterísticas e o rendimento de grãos em cultivares de arroz usando análise de caminho. *Iranian Journal of Crop Science.* 1(4): 55-65.

Ovung, C.Y., Lai, G.M. e Rai, P.K. 2012. Estudos sobre diversidades genéticas em arroz *(Oryza sativa* L.). *J. Agric. Tech.,* 8 (**3**):1059-1065.

Padhiary, A.K., B. Hota, B. Kar, S. Rout, P.K. Behera e Patra, S.S., 2017. Traços morfofisiológicos de diferentes variedades de arroz cultivadas sob condições de água registradas e submersas. *Int. J. Curr. Microbiol. App. Sci.* 6(**2**): 202-214.

Pandey, P., Anurag, PJ e Rangare, N.R. 2010. Parâmetros genéticos para a produção e caracteres associados no arroz. *Ann. PI. Soil. Res.* 12 (**1**): 59-61.

Panse, V.G. e Sukhatme, P.V. 1957. Genetics and quantative characters in relation to plant breeding (Genética e caracteres quantitativos em relação ao melhoramento de plantas). *Indian J. Genetics,* 17: 312-328.

Patel, D.P., Anuo das, Munda, G.C., Ghosh, P.K., Brdoloj, J.S e Manoj Kumae. 2010. Avaliação do rendimento e dos atributos fisiológicos de variedades de arroz de alto rendimento sob práticas de gestão aeróbicas e irrigadas por inundação no ecossistema de colinas médias. *Agricultural Water*

Management. 97(**9**): 1269-1276.

Patil, P.V., Sarawgi, A.K. e Shrivastava, M.N. 2003. Análise genética de caraterísticas de rendimento e qualidade em arroz aromático tradicional. *J. Maharashtra Agric. Univ.,* 28 (**1**): 53-56.

Peng, S., Cassman,K.G.,Vimani,S.S., Sheehy,J e Khush, G.S. 1999. Yield potential trend of tropical rice since the release of IR8 and challenges of increasing rice yield potential. *Crop Sci.* 39: 1552-1559.

Prasad, V. K., Prasad, T. N. e Kumar, A., 2001. Resposta de variedades de arroz em condições de sementeira direta. *Indian J. Agron,* 49: 686-689.

Prasertsak, A. e Fukai, S., 1997. Interação entre a disponibilidade de azoto e o stress hídrico no crescimento e rendimento do arroz. *Field Crops Res.,* 52: 249-260.

Rai, H. K. e Kushwaha, H. S., 2008. Effect of planting dates and soil water regimes on growth and yield of upland rice. *Oryza sativa,* 45(**1**): 129-132.

Rajesh kumar, Veram, A.k., Kamleshwar Kumar e Ravi Kumar. 2008. Análise morfo-fisiológica do rendimento em diferentes genótipos de arroz. *Jornal de Investigação (BAU).* 20(**1**): 37-43.

Rao, A. N., Johnson, D. E., Sivaprasad, B., Ladha, J. K e Mortimer, A. M., 2007. Gestão de infestantes em arroz de sementeira direta. *Adv. inAgron,* 93: 153-255.

Rao, S.S. e Shrivastav, M.N., 1999. Associação entre atributos de rendimento em arroz de terras altas. *Oryza* 36 (**1**): 13-15.

Rasheed, M.S., Sadaqat, H.A e Babar, M. 2002. Correlation and path coefficient analysis for yield and its components in rice *(Oryza sativa* L.). *Asian J. Pl. Sci.* 3: 241-244.

Rathore, A. L., Tomar, H. S., Verma, S. K. e Sahu, K. K., 2003. Effect of methods of rice establishment on productivity of rice and chickpea grown under rainfed condition. Actas da Conferência Internacional do Grão-de-bico, IGKV, Raipur.

Sadeghi, M.S. 2011. Hereditariedade, correlação fenotípica Estudos do coeficiente de caminho médio para alguns caracteres agronómicos em variedades tradicionais de arroz. *Revista Mundial de Ciências Aplicadas,* 13 (**5**): 1229-1233.

Sahu, G e Murthy, K. S. 1975. Influence of nitrogen rate on dry matter production, nitrogen uptake and yield in high yielding cultivars of rice. *Revista indiana de fisiologia vegetal.* 18 (**2**): 115-120.

Saikia, L., Bhattacharyya, H. C. e Pathak, A. K., 1992. Seeding and transplanting practice of rice with and without nitrogen, phosphorus and potassium. *Indian J. Agron,* 37(**1**): 155-157.

Samonte, S.O.P.B., Wilson, L.T e McClung, A.M. 1998. Análise de caminho do rendimento e caraterísticas relacionadas com o rendimento de quinze genótipos de arroz diversos. *Crop Sci.* 38: 1130-1136.

San-oh, Y., Mano, Y., Ookawa, T. e Hirasawa, T., 2004. Comparação da produção de matéria seca e caraterísticas associadas entre plantas de arroz semeadas diretamente e transplantadas num arrozal submerso e relações com os padrões de plantação. *Field Crops Res.,* 87: 43-58.

Satish Chandra, B., Dayakar Reddy, T., Ansari, N.A e Sudheer Kumar, S. 2009. Análise de correlação e de trajetória para o rendimento e os componentes do rendimento do arroz (*Oryza sativa* L.). *Agric. Sci. Digest.* 29 (**1**): 45-47.

Selvarani, V. e Rangaswamy, S., 1998. Crescimento e desenvolvimento sob diferentes regimes de humidade do solo em arroz de terras altas. *Indian Journal of Plant Physiology,* 1(**4**): 270-272.

Sestak, Z., Catsby, J e Jarvis, P.G. 1971. Produção fotossintética de plantas: *Mannual of methods.* 341-343.

Shahidullah, S.M., Hanafi, M.M., Ashrafuzzaman, M., Razi Ismail, M e Salam, M.A. 2009. Caracteres fenológicos e divergência genética no arroz aromático. *Revista Africana de Biotecnologia.* 8(**14**): 3199-3207.

Shaibu, Y.A., Banda, H.M., Makwiza, C.N. e Malunga, J.C., 2015. Desempenho da produção de grãos de variedades de arroz de terras altas e de terras baixas sob irrigação que economiza água através de umedecimento e secagem alternados em margas argilosas arenosas de

Sul do Malawi. *Agricultura experimental,* 51(**2**), pp.313-326

Sharma, G., Patial, S. K., Buresh, R. J., Mishra, V. N., Das, R. O., Haefele, S. M. e Shrivastava, L. K., 2005a. Métodos de estabelecimento do arroz afectados pela utilização de azoto e pela produção de culturas do sistema arroz-leguminosas na Índia oriental provada pela seca. *Field Crops Res.,* 92: 17-33.

Sharma, N. 2002. Quality characteristics of non-aromatic and aromatic rice *(Oryza sativa* L.) varieties of Punjab. *Indian J. Agric. Sci.* 72: 408-410.

Shiv kumar Sharma e Haloi, B. 2001. Caracterização das variáveis de crescimento das culturas em algumas cultivares de arroz perfumado de Assam. *Indian J. plant physiol.* 6(**2**): 166-171.

Show, R., Ghosh, D. C., Malik, G. C. e Banerjee, M., 2014. Efeito do regime hídrico e do azoto no crescimento, produtividade e economia das variedades de arroz de verão. *Int. J. Bio resource and Stress Management,* 5(**1**):

Siadat, S. A., Fathi, G., Hamaity, S. S. e Bironvand, M., 2004. Efeito das datas de plantação no rendimento do arroz e nos componentes do rendimento em três cultivares de arroz. *Jornal Iraniano de Ciências Agrícolas,* 35(**1**): 227-234.

Sidhu, G.S., Gill, S.S., Malhi, S.S e Bharaj, T.S. 1992. Basmati 385 aprovado para cultivo em Punjab, Índia. *International rice research newsletter.* 17:5.

Sie, M., Dingkuhn, M., Wopereis, M.C.S e Miezan, K.M. 1998. Duração da cultura do arroz e taxa de aparecimento de folhas num ambiente térmico variável. *Field Crop Research.* 58: 129-140.

Singh, L., Singh, J. D. e Sachan, N. S., 2002. Inter character association and path analysis in paddy *(Oryza sativa* L.). *Annals of Biology,* 18(**2**): 125-128.

Singh, S., e Singh, T.N., 2000. Fator morfológico que afecta o enrolamento das folhas no arroz durante o stress hídrico. *Indian Journal of Plant Physiology,* 5(**2**): 136-141.

Singh, V.P e Singh V.K. 2000. Effect of sowing date and nitrogen level on the productivity of spring sown rice varieties in low hills of Uttaranchal. *Indian J. of Agronomy.* 45(**3**): 560-563.

Singh,Y., Singh,K. K. e Sharma,S.K., 2004. Effect of dry seeded and transplanted rice on water use and productivity of rice and chickpea grown under rainfed lowland ecosystem. *Field Crops Res,* 43: 42-46.

Sinha, A.C., Kairi,P., Patra,P.S e De, B .2009. Desempenho de variedades de arroz aromático na região terai de Bengala Ocidental. *Journal of Crop Science and Weed.* 5(**1**): 285-287.

Streck, N.A., Bosco, L.C e Lago, I. 2008. Simulando o aparecimento de folhas em arroz. *Revista Agronomia.* 100: 490-501.

Swain, P., Annie Poonam e Rao, K.S. 2006. Avaliação de híbridos de arroz *(Oryza sativa)* em termos de crescimento e parâmetros fisiológicos e sua relação com o rendimento em condições transplantadas. *Indian Journal of Agricultural Sciences.* 76(**8**): 496- 499.

Tahir, M., Wadan, D e Zada, A. 2002. Variabilidade genética de diferentes caracteres de rendimento vegetal no arroz. *Sarhad J. Agric.18(2).*

Thaware, B.L., Birari. S.P., Dhonukshi, B.L e Bendale, V.W. 1999. Análise de caminho de rendimento e atributos de rendimento em diferentes ambientes no feijão de arroz. *Legume Res.* 22: 192-194.

Thomas, R., Wan-Nadiah, W.A. e Bhat, R. 2013. Composição físico-química, proximal e qualidades culinárias de variedades de arroz cultivadas localmente e importadas comercializadas em Penang, Malásia. *Jornal Internacional de Investigação Alimentar.* 20 (**3**):1345-1351.

Toshimenla, S.C. 2013. Variabilidade genética no rendimento e seus componentes caracteres em arroz de terras altas em Nagaland. *Indian J. Hill Farming,* 26 (**2**): 84-87.

Tuwar, A.K., Singh, S.K., Sharma, A. e Bhati, P.K. 2013. Avaliação da variabilidade genética para o rendimento e seus caracteres componentes em arroz *(Oryza sativa* L.). Biolife: *Uma Revista Internacional Trimestral de*

Biologia e Ciências da Vida. 1 (**3**): 84-89.

Ullah, M. Z., Bashar, M. K., Bhuiyan, M. S. R., Khalequzzaman, M., & Hasan, M. J. (2011). Inter-relação e análise de causa-efeito entre traços morfo-fisiológicos no arroz biroina do Bangladesh. *Int. J. Plant Breed. Genet,* 5(**3**), 246-254.

Vange, T, Ojo, A.A.e Bello, L.L. 1999. Estudos de variabilidade genética, estabilidade e correlação em genótipos de arroz de terras baixas *(Oryza sativa* L.). *The Indian J. Agric. Sci.,* 69 (**1**).

Venkateshwarlu, B e Maduley, S. 1976. Change in source sink relationship in rice through different canopy profile under field conditions. *Indian J. Plant Physiol.* 19: 195-210.

Venkateshwarlu, B e Prasad, A.S.R. 1982. Natureza da associação entre biomassa, índice de colheita e rendimento económico no arroz1. Índice de colheita e biomassa: Critérios para a seleção de plantas com elevada capacidade de produção. *Indian Journal of Plant Physiology.* 25: 149.

Waghmare, C.R., Guhey, A., Saxena, R., Kulkami, A.A. e Agrawal, K.2008. Genetic divergence of morphophysiological traits in rainfed early rice genotypes (Divergência genética de caraterísticas morfofisiológicas em genótipos de arroz de sequeiro). *Agric. Sci. Digest.* 28 (**3**): 198-200.

Watson,D.J. (1956). Simpósio sobre o crescimento das folhas. Universidade de Nottingham. 178-191.

Weng,R. X. 1984. Efeitos dos hidratos de carbono armazenados antes da fase de crescimento e da produção de matéria seca no grão de arroz. *Agron no Exterior:* Rice. 2: 40-49.

Wopereis, M. C. S., Kropff, M. J., Maligaya, A. R. e Tuong, T. P., 1996. Respostas ao stress hídrico de duas cultivares de arroz de planície ao estado da água no solo. *Field Crops Res.* 46: 21- 39.

Wu GuiCheng, Zhang HongCheng, Dai QiGen, HuoZhongYang, Xu Ke, Gao Hui, Wei HaiYan, Sha AnQin, Xu ZongJin, Qian ZongHua e Sun JuYing. 2010. Caraterísticas da produção e acumulação de matéria seca e rendimento super elevado do super arroz japonica no Sul da China. *Ata AgronomicaSinica.* 36: 11.

Yadav, R.B., Khatkar, B.S. e Yadav, B.S. 2007. Morphological, physiochemical and cooking properties of some Indian rice *(Oryza sativa* L.) cultivars. *J. Agric. Tech.* 3 (**2**): 203-210.

Yadav, S. C., Pandey, M. K. e Suresh, B. G., 2008. Association, direct and indirect effect of yield attributing traits on yield in rice *(Oryza sativa* L.). *Annals of Biology,* 24(**1**): 57-62.

Yadav, V.K e Tripathi, H.N. 2008. Effects of dates of planting, plant geometry and number of seedlings on growth and yield of hybrid rice. *Crop Res. 36(1, 2 & 3*): 1- 3.

Yaqoob,M., Russo,N. e Rashid, A. 2012. Avaliação da variabilidade genética em genótipos de arroz *(Oryza sativa* L.) em condições de sequeiro. *J. Agric. Res.* 50 (**3**); 311-319.

Yin,X e Kropff, M.J. 1998. O efeito da temperatura no aparecimento de folhas no arroz. *Anais de Botânica.* 77: 215-221.

Yogameenakshi, P., Nadranjan, N. e Anbumalarmathi, J. 2004. Correlação e análise de caminho no rendimento e atributos tolerantes à seca no arroz (*Oryza sativa* L.) sob stress de seca. *Oryza.* 41: 68-70.

Yoshida, S., Cock, J.H e Parao, F.T. 1972. Physiological aspect of high yield. *Instituto Internacional de Investigação do Arroz.* pp455-469. Criação de arroz Los Banos, Filipinas.

Zahid A.M., Akhtar, M. Anwar, M e Adil Jamal. 2005. Correlação genotípica e fenotípica e análise de caminhos em arroz de grão grosso. *Actas do Seminário Internacional sobre Culturas de Arroz,* 2-3 de outubro. Instituto de Investigação do Arroz, Kala Shah Kau, Paquistão.

Zaman, M.R., Paul, D.N.R., Kabir, M.S., Mahbub, M.A.A e Bhuiya, M.A.A. 2005. Avaliação da contribuição de caracteres para a divergência de algumas variedades de arroz. *Asian Journal of Plant science.* 4(**4**): 388-391.

CURRICULUM VITAE

Nome completo do candidato : Rathod Manisha Rohidas

Data de nascimento : 09/05/1997

Nacionalidade : indiana

Departamento : (Botânica Agrícola) Fisiologia Vegetal

Endereço permanente: No posto: Bithnal, Tal. Umri, Dist. Nanded.

Número de telemóvel: 7013286332

Endereço de correio eletrónico: manisharathod8484@gmail.com

Título da tese: "Análise fisiológica de genótipos promissores de arroz
para o rendimento e as caraterísticas que contribuem para o rendimento".

Qualificação académica

Course /Degree	Name of thecollege/institute	University /Board	Year ofpassing	Percentage (%)	Class /Grade
SSC	St. James Grammar High School	SSC Board	2013	82.00	First Class
HSC	Narayana Junior College, Tarnaka, Hyderabad	Board of Intermediate Education:TS	2015	88.70	First Class
B.Sc. (Agri.)	College of Agriculture, Parbhani	VNMKV, Parbhani	2020	83.60	First Class

Place:

Date: /   /2022

(Rathod Manisha Rohidas)